湖北省高职高专规划教材——应用数学系列

总主编 朱永银

工程应用数学

（下册）

主　编　孙旭东　冯兴山　魏　莹
主　审　刘昌喜
副主编　韩　飞　陈大桥　肖业胜

华中科技大学出版社
中国·武汉

内 容 简 介

《工程应用数学》是“湖北省高职高专规划教材——应用数学系列”之一，分上、下两册. 上册内容包括函数、极限与连续，导数及其应用，不定积分及其应用，定积分及其应用，多元函数微积分及其应用，附录介绍了简易积分表；下册内容包括无穷级数，微分方程及其应用，拉普拉斯变换及其应用，傅里叶变换，矩阵代数及其应用，附录介绍了傅里叶变换简表、拉普拉斯变换简表. 每节后配有练习题，每章后配有综合练习题，并在书后附有习题的参考答案.

本书是根据高职高专院校的培养目标，针对高职高专工科专业建设的需要及学生的实际状况编写的. 本书力求从实际案例引入概念，略去烦琐的理论论述，注重数学思想与方法的培养，强调数学知识的应用，顺应了高职高专教育的改革与发展，内容精要，简明易懂，适合作为高等职业技术学院及相当层次学校的工科类各专业的数学教材.

图书在版编目(CIP)数据

工程应用数学(下册)/孙旭东　冯兴山　魏莹　主编. —武汉：华中科技大学出版社，2010.9
2010.9(2020.1重印)
ISBN 978-7-5609-6393-8

Ⅰ. 工…　Ⅱ. ①孙…　②冯…　③魏…　Ⅲ. 工程数学-高等学校：技术学校-教材　Ⅳ. TB11

中国版本图书馆 CIP 数据核字(2010)第 127682 号

工程应用数学(下册)　　孙旭东　冯兴山　魏莹　主编

策划编辑：徐正达
责任编辑：王汉江
封面设计：刘　卉
责任校对：张　琳
责任监印：徐　露
出版发行：华中科技大学出版社(中国·武汉)　电话：(027)81321913
武汉市东湖新技术开发区华工科技园　邮编：430223
录　　排：武汉市洪山区佳年华文印部
印　　刷：北京虎彩文化传播有限公司
开　　本：710mm×1000mm　1/16
印　　张：8.5
字　　数：181 千字
版　　次：2020 年 1 月第 1 版第 4 次印刷
定　　价：45.00 元(上、下册)

前　言

为了推动我省高职高专数学课程教学改革，加强教材建设，湖北省数学学会高职高专数学研究会和华中科技大学出版社组织全省有较高学术水平和丰富教学经验的部分数学骨干教师，经过近两年的努力，编写了《湖北省高职高专规划教材——应用数学系列》.本系列教材包括《工程应用数学》(上、下册)、《经济应用数学》、《计算机应用数学》等.在编写过程中，我们力求做到以应用为目的，以"必需，够用"为原则，要求每章节尽量实行"案例(引例)驱动"，就是从实际问题出发，引出概念，并讲清概念，还注意到将数学建模思想渗透到教材中.本系列教材适合于在高中阶段学过极限理论、导数与导数应用知识的大学生使用.

本系列教材由朱永银教授担任总主编，负责总策划，拟订编写大纲，并对全部教材进行统稿.湖北职业技术学院夏俊炜副教授、咸宁职业技术学院副院长张业明副教授、武汉职业技术学院刘昌喜副教授担任主审，他们对本系列教材提出了宝贵的修改意见，编者不胜感激.

《工程应用数学》(下册)由孙旭东、冯兴山、魏莹担任主编，刘昌喜担任主审，韩飞、陈大桥、肖业胜担任副主编，参加编写的还有万武、廖红菊、胡方富、王启学、张汉萍、山军、罗爱华、周友涛、胡念慈、郭挺等.全书由朱永银统稿.

本书有"*"号的内容供选学，建议本册书如果有"*"号的内容不上，一个学期52学时可以上完，如果有"*"号的内容都上，一个学期60学时可上完。如果上、下两册有"*"号的内容不讲或略讲，每周6学时，一个学期84学时可上完。

武汉职业技术学院、咸宁职业技术学院、湖北职业技术学院、仙桃职业学院、湖北轻工职业技术学院、恩施职业技术学院、沙市职业大学、湖北财税职业学院、武汉工业职业技术学院、武汉工程职业技术学院、十堰职业技术学院、荆州职业技术学院、鄂东职业技术学院、襄樊职业技术学院、武汉职业技术学院轻工学院、湖北开放职业学院等院校对本系列教材的顺利出版发行给予了大力支持，本系列教材还参考吸收了有关教材及著作的成果，在此一并致谢.

由于编者水平有限，本书难免存在疏漏之处，敬请广大读者不吝赐教，提出批评意见，以便再版时修改，使本系列教材日臻完善.

编　者

2010年7月

目　录

第 6 章　无穷级数 …… (1)

6.1　常数项级数 …… (1)

6.1.1　常数项级数的基本概念(1)　6.1.2　无穷级数的性质(3)

6.1.3　正项级数的审敛法(4)　6.1.4　交错级数的审敛法(5)

6.1.5　绝对收敛与条件收敛(6)

练习 6.1 …… (6)

6.2　幂函数 …… (7)

6.2.1　幂函数及其收敛性(7)　6.2.2　幂级数的简单性质(10)

练习 6.2 …… (11)

6.3　将函数展开成幂级数 …… (11)

6.3.1　泰勒级数(12)　6.3.2　函数展开成幂级数(13)

练习 6.3 …… (16)

*6.4　傅里叶级数 …… (16)

6.4.1　三角级数、三角函数系的正交性(16)　6.4.2　函数展开成傅里叶级数(17)

6.4.3　奇函数和偶函数的傅里叶级数(20)

练习 6.4 …… (22)

*6.5　周期为 $2l$ 的周期函数的傅里叶级数 …… (23)

练习 6.5 …… (25)

综合练习 6 …… (26)

*第7章　微分方程及其应用 …… (29)

7.1　一阶微分方程应用举例 …… (29)

7.1.1　一阶微分方程(29)　7.1.2　一阶微分方程应用举例(32)

练习 7.1 …… (34)

7.2　二阶常系数齐次线性微分方程 …… (35)

练习 7.2 …… (38)

7.3　二阶常系数非齐次线性微分方程 …… (39)

练习 7.3 …… (41)

综合练习 7 …… (41)

*第8章　拉普拉斯变换及其应用 …… (43)

8.1　拉普拉斯变换的概念 …… (43)

8.1.1　拉普拉斯变换的定义(43)　8.1.2　几种常见信号的拉普拉斯变换(44)

8.1.3　拉普拉斯变换简表(45)

练习 8.1 …… (46)

8.2　拉普拉斯变换的性质 …… (47)

8.2.1　线性性质(47)　8.2.2　位移性质(47)

8.2.3　微分性质(49)　8.2.4　积分性质(50)

练习 8.2 …………………………………………………………………………… (51)
8.3 拉普拉斯逆变换 …………………………………………………………… (51)
8.3.1 简单象函数的拉普拉斯逆变换(51) 8.3.2 较复杂象函数的拉普拉斯逆变换(52)
练习 8.3 …………………………………………………………………………… (54)
8.4 卷积和卷积定理 …………………………………………………………… (55)
8.4.1 卷积的概念(55) 8.4.2 卷积定理(56)
练习 8.4 …………………………………………………………………………… (57)
8.5 拉普拉斯变换的应用 ……………………………………………………… (57)
8.5.1 解微分方程(组)(58) 8.5.2 传递函数(61)
练习 8.5 …………………………………………………………………………… (62)
综合练习 8 ………………………………………………………………………… (63)
*第9章 傅里叶变换 ………………………………………………………………… (64)
9.1 复数 ………………………………………………………………………… (64)
9.1.1 复数的概念(64) 9.1.2 复数的三种形式(66)
练习 9.1 …………………………………………………………………………… (67)
9.2 复变函数 …………………………………………………………………… (68)
9.2.1 复平面上的点集与区域(68) 9.2.2 复变函数的概念(69)
9.2.3 复变函数的极限与连续(70)
练习 9.2 …………………………………………………………………………… (71)
9.3 傅里叶变换的概念 ………………………………………………………… (72)
9.3.1 傅里叶级数的复指数形式(72) 9.3.2 傅里叶变换的定义(73)
9.3.3 几种典型非周期信号的频谱(74)
练习 9.3 …………………………………………………………………………… (78)
9.4 傅里叶变换的性质 ………………………………………………………… (79)
9.4.1 线性性质(79) 9.4.2 位移性质(79)
9.4.3 微分性质(81) 9.4.4 积分性质(81)
练习 9.4 …………………………………………………………………………… (82)
综合练习 9 ………………………………………………………………………… (82)
第10章 矩阵代数及其应用 ………………………………………………………… (84)
10.1 二阶、三阶行列式 ………………………………………………………… (84)
10.1.1 二阶行列式(84) 10.1.2 三阶行列式(85)
练习 10.1 ………………………………………………………………………… (87)
*10.2 n阶行列式 ……………………………………………………………… (87)
10.2.1 n阶行列式的定义(87) 10.2.2 行列式的性质(89)
练习 10.2 ………………………………………………………………………… (92)
10.3 矩阵的概念及其运算 ……………………………………………………… (93)
10.3.1 矩阵的概念(93) 10.3.2 矩阵的加法与减法(95)
10.3.3 数与矩阵相乘(97) 10.3.4 矩阵与矩阵相乘(98)
练习 10.3 ………………………………………………………………………… (100)

10.4 逆矩阵 …………………………………………………………………… (101)

10.4.1 逆矩阵的概念(101)　10.4.2 逆矩阵的求法(102)

10.4.3 用逆矩阵解线性方程组(103)

练习 10.4 …………………………………………………………………… (104)

*10.5 矩阵的秩与初等变换 …………………………………………………… (104)

10.5.1 矩阵的秩(104)　10.5.2 矩阵的初等变换(105)

10.5.3 用初等变换解线性方程组(107)

练习 10.5 …………………………………………………………………… (109)

*10.6 一般线性方程组的讨论 …………………………………………………… (109)

10.6.1 非齐次线性方程组(110)　10.6.2 齐次线性方程组(111)

练习 10.6 …………………………………………………………………… (112)

综合练习 10 …………………………………………………………………… (112)

附录 …………………………………………………………………… (115)

附录 A 傅里叶变换简表(115)　附录 B 拉普拉斯变换简表(119)

习题参考答案 …………………………………………………………………… (123)

参考文献 …………………………………………………………………… (130)

第 6 章　无 穷 级 数

无穷级数是高等数学的重要内容，它是表示函数、研究函数和进行数值计算的工具. 本章首先在介绍常数项级数的基础上，进而讨论函数项级数，然后主要讨论幂级数和傅里叶级数.

案例　分牛问题.

老牧民临死前留下遗嘱，要将他的财产 19 头牛的 1/2 分给大儿子，1/4 分给二儿子，1/5 分给三儿子，不准把牛杀死，还要分完. 该如何分呢？老牧民死后，三个儿子想不出一个好的分配方案. 隔壁有个老头知道了，将自己家的牛牵出一头来，凑成 20 头. 将 1/2 分给大儿子，得 10 头；将 1/4 分给二儿子，得 5 头；将 1/5 分给三儿子，得 4 头；剩下一头，老头牵回去了.

这个问题这样解决合理吗？我们学了无穷级数以后，用级数理论来解释这个问题，发现这种分法是完全合理的.

6.1　常数项级数

6.1.1　常数项级数的基本概念

引例　龟兔赛跑问题.

假设乌龟在兔子前面 10 m 处，兔子的速度是 10 m/min，乌龟的速度是 1 m/min，它们同时起跑. 第一次的时间记为 $a_1=1$ min，兔子到达乌龟开始时的位置，乌龟向前跑了 1 m；第二次的时间记为 $a_2=\frac{1}{10}$ min，兔子到达乌龟的第二个位置，乌龟在兔子前面 $\frac{1}{10}$ m 处；如此下去，第 n 次的时间记为 $a_n=\frac{1}{10^{n-1}}$ min，兔子到达乌龟的第 n 个位置，乌龟在兔子前面 $\frac{1}{10^{n-1}}$ m 处. 这个过程可以无限地继续下去，难道兔子永远追不上乌龟吗？

事实上，它们比赛用去的时间构成一个无穷数列 $\left\{\frac{1}{10^{n-1}}\right\}$：

$$1,\frac{1}{10},\frac{1}{10^2},\cdots,\frac{1}{10^{n-1}},\cdots.$$

将所有项相加，得

$$1+\frac{1}{10}+\frac{1}{10^2}+\cdots+\frac{1}{10^{n-1}}+\cdots.$$

这是无穷个数相加,称为无穷级数.由于每一项都是常数,它又称为数项级数.现在我们来讨论这无穷多个数相加是否有意义,也就是其和是否存在.

设 $s_1, s_2, \cdots, s_n, \cdots$ 分别表示上述无穷级数的前一项,前二项,…,前 n 项的和:

$$s_1=1,\ s_2=1+\frac{1}{10},\ \cdots,\ s_n=1+\frac{1}{10}+\cdots+\frac{1}{10^{n-1}},\cdots.$$

这样又得到一个数列:$s_1, s_2, \cdots, s_n, \cdots$,称其为部分和数列.

当 n 无限增大时,部分和数列有极限,即

$$\lim_{n\to\infty}s_n=\lim_{n\to\infty}\left(1+\frac{1}{10}+\cdots+\frac{1}{10^{n-1}}\right)=\lim_{n\to\infty}\frac{1-\frac{1}{10^n}}{1-\frac{1}{10}}=\frac{10}{9}.$$

那么这个极限就是上述无穷级数的和,同时兔子在 $\frac{10}{9}$ min 能追上乌龟.

设已给数列 $u_1, u_2, \cdots, u_n, \cdots$,则式

$$\sum_{n=1}^{\infty}u_n = u_1+u_2+\cdots+u_n+\cdots \quad ①$$

称为(常数项)无穷级数,简称(常数项)级数,其中第 n 项 u_n 称为级数的一般项.

级数①的前 n 项和

$$s_n=u_1+u_2+\cdots+u_n \quad ②$$

称为级数①的部分和.当 n 依次取 $1,2,\cdots$ 时,它们构成一个新的数列:

$$s_1=u_1,\ s_2=u_1+u_2,\ \cdots,\ s_n=u_1+u_2+\cdots+u_n.$$

称这个数列为部分和数列.

定义 当 n 无限增大时,如果数列 $\{s_n\}$ 以常数 s 为极限,即

$$\lim_{n\to\infty}s_n=s,$$

则称级数①收敛,且其和为 s,记为 $s=u_1+u_2+\cdots+u_n+\cdots$.差 $r_n=s-s_n$ 称为级数的余项.如果数列 $\{s_n\}$ 没有极限,则称级数①发散.

例 1 判别无穷级数 $\sum\limits_{n=1}^{\infty}\frac{1}{n(n+1)}=\frac{1}{1\cdot 2}+\frac{1}{2\cdot 3}+\cdots+\frac{1}{n(n+1)}+\cdots$ 的敛散性.

解 因为 $u_n=\frac{1}{n(n+1)}=\frac{1}{n}-\frac{1}{n+1}$,所以

$$\begin{aligned}s_n&=\frac{1}{1\cdot 2}+\frac{1}{2\cdot 3}+\cdots+\frac{1}{n(n+1)}=\left(1-\frac{1}{2}\right)+\left(\frac{1}{2}-\frac{1}{3}\right)+\cdots+\left(\frac{1}{n}-\frac{1}{n+1}\right)\\&=1-\frac{1}{n+1}.\end{aligned}$$

由于 $\lim\limits_{n\to\infty}s_n=\lim\limits_{n\to\infty}\left(1-\frac{1}{n+1}\right)=1$,因此所给级数收敛,它的和是 1,即

$$\sum_{n=1}^{\infty}\frac{1}{n(n+1)}=1.$$

例 2　讨论等比级数(也称几何级数) $\sum_{n=1}^{\infty}aq^{n-1}=a+aq+aq^2+\cdots+aq^{n-1}+\cdots$ $(a\neq 0)$ 的敛散性.

解　设 $|q|\neq 1$,则前 n 项和 $s_n=a+aq+aq^2+\cdots+aq^{n-1}=\frac{a(1-q^n)}{1-q}$. 当 $|q|<1$ 时,由于 $\lim\limits_{n\to\infty}q^n=0$,从而 $\lim\limits_{n\to\infty}s_n=\lim\limits_{n\to\infty}\left(\frac{a}{1-q}-\frac{aq^n}{1-q}\right)=\frac{a}{1-q}$,因此,级数收敛,且其和为 $\frac{a}{1-q}$;当 $|q|>1$ 时,由于 $\lim\limits_{n\to\infty}q^n=\infty$,从而 $\lim\limits_{n\to\infty}s_n=\infty$,这时级数发散;当 $q=1$ 时,$\sum_{n=1}^{\infty}aq^{n-1}=\sum_{n=1}^{\infty}a$,此时 $\lim\limits_{n\to\infty}s_n=\lim\limits_{n\to\infty}na=\infty$,所以级数 $\sum_{n=1}^{\infty}aq^{n-1}$ 发散;当 $q=-1$ 时,$\sum_{n=1}^{\infty}aq^{n-1}=\sum_{n=1}^{\infty}(-1)^{n-1}a$. 所以

$$s_n=\begin{cases}a, & n\text{ 为奇数},\\ 0, & n\text{ 为偶数}.\end{cases}$$

从而 $\lim\limits_{n\to\infty}s_n$ 不存在,所以级数发散.

综上所述,等比级数 $\sum_{n=1}^{\infty}aq^{n-1}$ $(a\neq 0)$,当 $|q|<1$ 时收敛,其和 $s=\frac{a}{1-q}$;当 $|q|\geqslant 1$ 时,等比级数 $\sum_{n=1}^{\infty}aq^{n-1}(a\neq 0)$ 发散.

6.1.2　无穷级数的性质

性质 1　如果级数 $\sum_{n=1}^{\infty}u_n$ 收敛,其和为 s,则级数 $\sum_{n=1}^{\infty}ku_n$ (k 为常数)也收敛,且其和为 ks.

性质 2　设有两个收敛级数 $\sum_{n=1}^{\infty}u_n=s$ 和 $\sum_{n=1}^{\infty}v_n=\sigma$,则级数 $\sum_{n=1}^{\infty}(u_n\pm v_n)$ 也收敛,且其和为 $s\pm\sigma$.

性质 2 表明,收敛级数可以逐项相加,也可以逐项相减.

性质 3　在级数前加上或去掉有限项,不会影响级数的收敛性或发散性. 不过在收敛时,级数的和有改变.

性质 4(级数收敛的必要条件)　若级数 $\sum_{n=1}^{\infty}u_n$ 收敛,则当 $n\to\infty$ 时,它的一般项 $u_n\to 0$,即 $\lim\limits_{n\to\infty}u_n=0$.

证　令 $\sum_{n=1}^{\infty}u_n=s$,即 $\lim\limits_{n\to\infty}s_n=s$,其中 $s_n=\sum_{k=1}^{n}u_k=s$,则

$$\lim_{n\to\infty}s_{n-1}=\lim_{n\to\infty}s_n=s.$$

因为 $u_n=s_n-s_{n-1}$,所以

$$\lim_{n\to\infty}u_n=\lim_{n\to\infty}(s_n-s_{n-1})=\lim_{n\to\infty}s_n-\lim_{n\to\infty}s_{n-1}=s-s=0.$$

由性质 4 可得到级数发散的充分条件:假如一个级数的一般项 u_n,当 $n\to\infty$时不趋于零,则此级数必发散.

例如,1+1+1+…这个级数的一般项不趋于零,所以它发散.

值得注意的是,一般项趋于零的级数未必是收敛的,也就是说,一般项趋于零不是级数收敛的充分条件.

例如,对于调和级数 $\sum_{n=1}^{\infty}\frac{1}{n}=1+\frac{1}{2}+\frac{1}{3}+\cdots+\frac{1}{n}+\cdots$,一般项 $u_n=\frac{1}{n}\to 0$ (当 $n\to\infty$ 时),但可以证明它是发散的.

6.1.3 正项级数的审敛法

如果 $u_n\geqslant 0$ $(n=1,2,\cdots)$,则称级数 $\sum_{n=1}^{\infty}u_n$ 为正项级数.

1. 比较审敛法

对于正项级数 $\sum_{n=1}^{\infty}u_n$ 与 $\sum_{n=1}^{\infty}v_n$,并且 $u_n\leqslant v_n$ $(n=1,2,\cdots)$,如果级数 $\sum_{n=1}^{\infty}v_n$ 收敛,则级数 $\sum_{n=1}^{\infty}u_n$ 也收敛;如果级数 $\sum_{n=1}^{\infty}v_n$ 发散,并且 $u_n\geqslant v_n$ $(n=1,2,\cdots)$,则级数 $\sum_{n=1}^{\infty}u_n$ 也发散.

例 3 讨论 p-级数 $\sum_{n=1}^{\infty}\frac{1}{n^p}$ $(p>0)$ 的敛散性.

解 设 $p\leqslant 1$,则 $n^p\leqslant n$,于是$\frac{1}{n^p}\geqslant\frac{1}{n}$,因为调和级数 $\sum_{n=1}^{\infty}\frac{1}{n}$ 发散,由比较审敛法知,当 $p\leqslant 1$ 时,级数$\sum_{n=1}^{\infty}\frac{1}{n^p}$ 发散.

当 $p>1$ 时,容易证得级数$\sum_{n=1}^{\infty}\frac{1}{n^p}$ 收敛.

综上所述,p- 级数$\sum_{n=1}^{\infty}\frac{1}{n^p}$ 当 $p\leqslant 1$ 时发散;当 $p>1$ 时收敛.

例 4 证明级数$\sum_{n=1}^{\infty}\frac{n}{n^2+1}$ 是发散的.

证 因为 $u_n=\frac{n}{n^2+1}\geqslant\frac{n}{n^2+n}=\frac{1}{n+1}=v_n$,而$\sum_{n=1}^{\infty}\frac{1}{n+1}$ 发散,所以级数

$\sum_{n=1}^{\infty} \frac{n}{n^2+1}$ 也发散.

例 5　证明级数 $1+\frac{1}{2}+\frac{1}{3 \cdot 2}+\frac{1}{4 \cdot 3 \cdot 2}+\cdots$ 收敛.

证　先把一般项写出来,各项的分母依次是 $1,2 \cdot 1,3 \cdot 2 \cdot 1,4 \cdot 3 \cdot 2 \cdot 1,\cdots$,级数的一般项应当是 $u_n=\frac{1}{n!}$,即所给级数可写为 $\sum_{n=1}^{\infty} \frac{1}{n!}$.

由于等比级数 $1+\frac{1}{2}+\frac{1}{2^2}+\cdots+\frac{1}{2^{n-1}}+\cdots$ 的公比是 $\frac{1}{2}<1$,是收敛的. 所给级数的一般项 $u_n=\frac{1}{n!} \leqslant \frac{1}{2^{n-1}}=v_n$,因此,所给级数是收敛的.

2. 比值审敛法

设正项级数 $\sum_{n=1}^{\infty} u_n$ 的后项与前项的比值的极限等于 ρ,即 $\lim\limits_{n \to \infty} \frac{u_{n+1}}{u_n}=\rho$,则当 $\rho<1$ 时级数收敛;当 $\rho>1$(或 $\lim\limits_{n \to \infty} \frac{u_{n+1}}{u_n}=\infty$)时级数发散;当 $\rho=1$ 时级数可能收敛,也可能发散.(证明从略)

例 6　判别级数 $\sum_{n=1}^{\infty} \frac{2^n n!}{n^n}$ 的敛散性.

解　因为

$$\rho=\lim_{n \to \infty} \frac{u_{n+1}}{u_n}=\lim_{n \to \infty} \frac{2^{n+1}(n+1)! \cdot n^n}{(n+1)^{n+1} \cdot 2^n n!}=2 \lim_{n \to \infty}\left(\frac{n}{n+1}\right)^n=2 \lim_{n \to \infty} \frac{1}{\left(1+\frac{1}{n}\right)^n}=\frac{2}{\mathrm{e}}<1,$$

所以级数 $\sum_{n=1}^{\infty} \frac{2^n n!}{n^n}$ 收敛.

6.1.4　交错级数的审敛法

若级数的各项是正负交错的,则称这样的级数为交错级数,可表示为

$$u_1-u_2+u_3-u_4+\cdots=\sum_{n=1}^{\infty}(-1)^{n-1} u_n \quad (u_n \geqslant 0),$$

或

$$-u_1+u_2-u_3+u_4-\cdots=\sum_{n=1}^{\infty}(-1)^n u_n. \tag{③}$$

莱布尼茨判别法　如果交错级数 $\sum_{n=1}^{\infty}(-1)^{n-1} u_n$ 或 $\sum_{n=1}^{\infty}(-1)^n u_n$ $(u_n \geqslant 0)$ 满足条件

(1) $u_n \geqslant u_{n+1}$ $(n=1,2,\cdots)$,　　(2) $\lim\limits_{n \to \infty} u_n=0$,

则交错级数收敛,且其和 $s \leqslant u_1$,其余项的绝对值 $|r_n| \leqslant u_{n+1}$.

例 7　判别级数 $\sum_{n=1}^{\infty}(-1)^{n-1} \frac{1}{n}$ 的敛散性.

解 这是一个交错级数,且满足

(1) $u_n=\dfrac{1}{n}>\dfrac{1}{n+1}=u_{n+1}$ $(n=1,2,\cdots)$, (2) $\lim\limits_{n\to\infty}u_n=\lim\limits_{n\to\infty}\dfrac{1}{n}=0$.

由莱布尼茨判别法知,所给级数收敛.

6.1.5 绝对收敛与条件收敛

设级数 $\sum\limits_{n=1}^{\infty}u_n$ 为任意项级数,其各项取绝对值得到正项级数 $\sum\limits_{n=1}^{\infty}|u_n|$. 可以通过正项级数 $\sum\limits_{n=1}^{\infty}|u_n|$ 的敛散性去判别任意项级数 $\sum\limits_{n=1}^{\infty}u_n$ 的敛散性,由此给出下面的定理.

定理 如果正项级数 $\sum\limits_{n=1}^{\infty}|u_n|$ 收敛,则任意项级数 $\sum\limits_{n=1}^{\infty}u_n$ 也收敛. (证明从略)

当级数 $\sum\limits_{n=1}^{\infty}|u_n|$ 发散时,级数 $\sum\limits_{n=1}^{\infty}u_n$ 不一定发散. 例如,级数

$$\sum_{n=1}^{\infty}\frac{(-1)^{n-1}}{n},\quad \sum_{n=1}^{\infty}(-1)\sqrt[n]{n},$$

其中前一个级数收敛,而后一个级数发散,但这两个级数各项的绝对值所构成的级数 $\sum\limits_{n=1}^{\infty}\dfrac{1}{n}$ 与 $\sum\limits_{n=1}^{\infty}\sqrt[n]{n}$ 都是发散的.

如果级数 $\sum\limits_{n=1}^{\infty}|u_n|$ 收敛,则称级数 $\sum\limits_{n=1}^{\infty}u_n$ 绝对收敛;如果级数 $\sum\limits_{n=1}^{\infty}u_n$ 收敛,而级数 $\sum\limits_{n=1}^{\infty}|u_n|$ 发散,则称级数 $\sum\limits_{n=1}^{\infty}u_n$ 条件收敛.

例如,级数 $\sum\limits_{n=1}^{\infty}\dfrac{\sin(nx)}{n^2}$ 是绝对收敛的,而级数 $\sum\limits_{n=1}^{\infty}(-1)^{n-1}\dfrac{1}{n}$ 是条件收敛的.

练　习　6.1

1. 写出下列级数的前 5 项.

(1) $\sum\limits_{n=1}^{\infty}\dfrac{1\cdot 3\cdot\cdots\cdot(2n-1)}{2\cdot 4\cdot\cdots\cdot 2n}$;

(2) $\sum\limits_{n=1}^{\infty}(-1)^{n-1}\dfrac{1}{3^n}$;

(3) $\sum\limits_{n=1}^{\infty}\dfrac{1+n}{1+n^2}$;

(4) $\sum\limits_{n=1}^{\infty}\dfrac{1}{(2n-1)2^{2n-1}}$.

2. 求下列级数的一般项.

(1) $1+\dfrac{1}{3}+\dfrac{1}{5}+\dfrac{1}{7}+\cdots$;

(2) $\dfrac{2}{1}-\dfrac{3}{2}+\dfrac{4}{3}-\dfrac{5}{4}+\cdots$;

(3) $1+\dfrac{1\cdot 3}{1\cdot 4}+\dfrac{1\cdot 3\cdot 5}{1\cdot 4\cdot 7}+\dfrac{1\cdot 3\cdot 5\cdot 7}{1\cdot 4\cdot 7\cdot 10}+\cdots$;

(4) $\dfrac{1}{2}+\dfrac{2}{4}+\dfrac{3}{8}+\dfrac{4}{16}+\cdots$.

3. 根据级数收敛与发散的定义判别下列级数的敛散性,如果收敛,求出其和.

(1) $\sum_{n=1}^{\infty}(\sqrt{n+1}-\sqrt{n})$;　　(2) $\sum_{n=1}^{\infty}\frac{1}{(2n-1)(2n+1)}$;

(3) $\sum_{n=1}^{\infty}\frac{n}{2^n}$;　　(4) $\sum_{n=1}^{\infty}\frac{1}{3^n}$;　　(5) $\sum_{n=1}^{\infty}\frac{3^n}{2^n}$;

(6) $\left(\frac{1}{2}+\frac{1}{3}\right)+\left(\frac{1}{2^2}+\frac{1}{3^2}\right)+\cdots+\left(\frac{1}{2^n}+\frac{1}{3^n}\right)+\cdots$.

4. 用比较审敛法判别下列级数的敛散性.

(1) $1+\frac{1}{3}+\frac{1}{5}+\frac{1}{7}+\cdots$;　　(2) $1+\frac{1+2}{1+2^2}+\frac{1+3}{1+3^2}+\cdots$;

(3) $\sin\frac{\pi}{2}+\sin\frac{\pi}{2^2}+\sin\frac{\pi}{2^3}+\cdots$;　　(4) $\sum_{n=1}^{\infty}\frac{1}{\sqrt{n(n+1)}}$;

(5) $\sum_{n=1}^{\infty}\frac{1}{1+a^n}\quad(a>0)$.

5. 用比值审敛法判别下列级数的敛散性.

(1) $\frac{3}{1\cdot 2}+\frac{3^2}{2\cdot 2^2}+\frac{3^3}{3\cdot 2^3}+\cdots$;　　(2) $\sum_{n=1}^{\infty}\frac{n^2}{3^n}$;　　(3) $\sum_{n=1}^{\infty}\frac{3^n n!}{n^n}$;

(4) $\sum_{n=1}^{\infty}n\tan\frac{\pi}{2^{n+1}}$;　　(5) $\sum_{n=1}^{\infty}\frac{n^3}{2^n}$;　　(6) $\sum_{n=1}^{\infty}\frac{1}{3^n}\left(\frac{\mathrm{e}}{2}\right)^n$.

6. 判别下列级数的敛散性.

(1) $\sum_{n=1}^{\infty}(-1)^{n-1}\frac{1}{\sqrt{n}}$;　　(2) $\sum_{n=1}^{\infty}(-1)^{n-1}\frac{n}{3^{n-1}}$;

(3) $\sum_{n=1}^{\infty}(-1)^{n-1}\frac{2n^2}{n!}$;　　(4) $\frac{1}{\ln 2}-\frac{1}{\ln 3}+\frac{1}{\ln 4}-\frac{1}{\ln 5}+\cdots$.

6.2 幂函数

6.2.1 幂函数及其收敛性

如果级数

$$\sum_{n=1}^{\infty}u_n(x)=u_1(x)+u_2(x)+\cdots+u_n(x)+\cdots \qquad ①$$

的各项都是定义在区间 I 的函数,则称级数①为函数项级数.

对于每一个确定的 $x_0\in I$,函数项级数①就是一个常数项级数,即

$$\sum_{n=1}^{\infty}u_n(x_0)=u_1(x_0)+u_2(x_0)+\cdots+u_n(x_0)+\cdots. \qquad ②$$

如果该级数收敛,则称 x_0 是级数①的一个收敛点;如果发散,则称 x_0 是级数①的一个发散点.一个函数项级数的收敛点的全体称为它的收敛域.

对收敛域内的每一点 x,$\sum_{n=1}^{\infty}u_n(x)$ 都有唯一确定的和与之对应.因此,在收敛域

内，$\sum_{n=1}^{\infty}u_n(x)$ 的和是 x 的函数，且称其为 $\sum_{n=1}^{\infty}u_n(x)$ 的和函数，记为 $s(x)$. 在收敛域上，有

$$s(x)=u_1(x)+u_2(x)+\cdots+u_n(x)+\cdots.$$

在函数项级数中简单而常见的一类级数就是所谓的幂级数，它的形式为

$$\sum_{n=0}^{\infty}a_n(x-x_0)^n=a_0+a_1(x-x_0)+a_2(x-x_0)^2+\cdots+a_n(x-x_0)^n+\cdots,\quad ③$$

其中 $a_0,a_1,a_2,\cdots,a_n,\cdots$ 均为常数，且称其为幂级数的系数. 当 $x_0=0$ 时，幂级数的形式最简单，即

$$\sum_{n=0}^{\infty}a_nx^n=a_0+a_1x+a_2x^2+\cdots+a_nx^n+\cdots.\quad ④$$

例如，$\sum_{n=0}^{\infty}x^n$ 与 $\sum_{n=0}^{\infty}\frac{x^n}{n!}$ 都是幂级数.

下面考察幂级数 $1+x+x^2+\cdots+x^n+\cdots$ 的敛散性. 由 6.1 节知，此级数为一个等比级数，当 $|x|<1$ 时，级数 $\sum_{n=0}^{\infty}x^n$ 收敛于 $\frac{1}{1-x}$；当 $|x|\geqslant 1$ 时，级数 $\sum_{n=0}^{\infty}x^n$ 发散. 因此它的收敛域是 $(-1,1)$，并且仅当 $x\in(-1,1)$ 时，和函数

$$\frac{1}{1-x}=1+x+x^2+\cdots+x^n+\cdots.$$

下面讨论幂级数的敛散性问题.

定理 1(阿贝尔定理)　如果当 $x=x_0(x_0\neq 0)$ 时，幂级数 $\sum_{n=0}^{\infty}a_nx^n$ 收敛，则对于所有满足 $|x|<|x_0|$ 的点 x，幂级数 $\sum_{n=0}^{\infty}a_nx^n$ 绝对收敛. 反之，如果当 $x=x_0$ 时，幂级数 $\sum_{n=0}^{\infty}a_nx^n$ 发散，对于所有满足 $|x|>|x_0|$ 的点 x，幂级数 $\sum_{n=0}^{\infty}a_nx^n$ 发散. (证明从略)

由此定理看出，幂级数的收敛域是以原点为中心的区间. 若以 $2R$ 表示区间的长度，则称 R 为幂级数的收敛半径.

称区间 $(-R,R)$ 为幂级数④的收敛区间.

如何求幂级数④的收敛半径？可以用下面的定理.

定理 2　对于幂级数④，若 $\lim\limits_{n\to\infty}\left|\frac{a_{n+1}}{a_n}\right|=\rho$，其中 a_n,a_{n+1} 是幂级数④的相邻两项的系数，则

(1) 当 $0<\rho<+\infty$ 时，幂级数④的收敛半径 $R=1/\rho$；

(2) 当 $\rho=0$ 时，幂级数④的收敛半径 $R=+\infty$；

(3) 当 $\rho=+\infty$ 时，幂级数④的收敛半径 $R=0$.

由阿贝尔定理知，如果幂级数④在区间 $(-R,R)$ 内收敛，则必绝对收敛，而区间

端点可能绝对收敛也可能条件收敛或发散(证明从略). 下面举例说明定理的应用.

例 1　求幂级数 $x-\frac{x^2}{2}+\frac{x^3}{3}-\frac{x^4}{4}+\cdots+(-1)^{n-1}\frac{x^n}{n}+\cdots$ 的收敛半径和收敛区间.

解　因为 $a_n=(-1)^{n-1}\frac{1}{n}$,则 $a_{n+1}=(-1)^n\frac{1}{n+1}$,所以 $\rho=\lim\limits_{n\to\infty}\left|\frac{a_{n+1}}{a_n}\right|=\lim\limits_{n\to\infty}\frac{\frac{1}{n+1}}{\frac{1}{n}}$ $=1$,故收敛半径为 $R=\frac{1}{\rho}=1$.

对于端点 $x=1$,该级数为交错级数,即

$$1-\frac{1}{2}+\frac{1}{3}-\frac{1}{4}+\cdots+(-1)^{n-1}\frac{1}{n}+\cdots,\quad \text{收敛}.$$

对于端点 $x=-1$,该级数为

$$-1-\frac{1}{2}-\frac{1}{3}-\frac{1}{4}-\cdots,\quad \text{发散}.$$

所以,原级数的收敛区间为 $(-1,1]$.

例 2　求级数 $x+\frac{x^2}{2!}+\frac{x^3}{3!}+\cdots+\frac{x^n}{n!}+\cdots$ 的收敛区间.

解　因为

$$\rho=\lim_{n\to\infty}\left|\frac{a_{n+1}}{a_n}\right|=\lim_{n\to\infty}\frac{\frac{1}{(n+1)!}}{\frac{1}{n!}}=\lim_{n\to\infty}\frac{1}{n+1}=0,$$

所以所给级数的收敛半径为 $R=+\infty$,从而收敛区间为 $(-\infty,+\infty)$.

例 3　求级数 $\sum\limits_{n=0}^{\infty}\frac{x^{2n}}{2^n}$ 的收敛区间.

解　此级数缺少奇次幂的项,不能直接使用定理 2,但可用比值审敛法来求得,即

$$\lim_{n\to\infty}\left|\frac{u_{n+1}(x)}{u_n(x)}\right|=\lim_{n\to\infty}\left|\frac{\frac{1}{2^{n+1}}x^{2(n+1)}}{\frac{1}{2^n}x^{2n}}\right|=\lim_{n\to\infty}\left|\frac{2^n}{2^{n+1}}\right|\cdot|x^2|=\frac{x^2}{2}.$$

当 $\frac{x^2}{2}<1$ 时,得 $|x|<\sqrt{2}$,故收敛半径为 $R=\sqrt{2}$. 而当 $x=\pm\sqrt{2}$ 时,常数项级数 $\sum\limits_{n=0}^{\infty}\frac{1}{2^n}(\sqrt{2})^{2n}=\sum\limits_{n=0}^{\infty}1$ 发散,所以收敛区间为 $(-\sqrt{2},\sqrt{2})$.

例 4　求幂级数 $\sum\limits_{n=1}^{\infty}\frac{(x-2)^n}{3^n\cdot n}$ 的收敛区间.

解　令 $t=x-2$, $\sum\limits_{n=1}^{\infty}\frac{(x-2)^n}{3^n\cdot n}$ 可化为 $\sum\limits_{n=1}^{\infty}\frac{t^n}{3^n\cdot n}$. 因为

$$\rho=\lim_{n\to\infty}\left|\frac{a_{n+1}}{a_n}\right|=\lim_{n\to\infty}\frac{3^n\cdot n}{3^{n+1}\cdot(n+1)}=\frac{1}{3},$$

所以收敛半径为 $R=3$.

当 $t=3$ 时,级数为 $\sum\limits_{n=1}^{\infty}\frac{1}{n}$,发散;当 $t=-3$ 时,级数为 $\sum\limits_{n=1}^{\infty}\frac{(-1)^n}{n}$,收敛.

因此收敛区间为 $-3\leqslant t<3$,即 $-3\leqslant x-2<3$,亦即 $-1\leqslant x<5$,所以原级数的收敛区间为 $[-1,5)$.

此例题也可仿例 3 直接用比值审敛法求解,请读者自行验证.

6.2.2 幂级数的简单性质

性质 1 设幂级数 $\sum\limits_{n=0}^{\infty}a_nx^n$ 在收敛区间 $(-R_1,R_1)$ 内的和函数为 $s_1(x)$,幂级数 $\sum\limits_{n=0}^{\infty}b_nx^n$ 在收敛区间 $(-R_2,R_2)$ 内的和函数为 $s_2(x)$,则

(1) $\sum\limits_{n=0}^{\infty}a_nx^n\pm\sum\limits_{n=0}^{\infty}b_nx^n=\sum\limits_{n=0}^{\infty}(a_n\pm b_n)x^n=s_1(x)\pm s_2(x)$;

(2) $$\left(\sum_{n=0}^{\infty}a_nx^n\right)\left(\sum_{n=0}^{\infty}b_nx^n\right)=a_0b_0+(a_0b_1+a_1b_0)x+(a_0b_2+a_1b_1+a_2b_0)x^2+\cdots$$
$$+(a_0b_n+a_1b_{n-1}+a_2b_{n-2}+\cdots+a_nb_0)x^n+\cdots$$
$$=s_1(x)s_2(x).$$

根据收敛级数的性质 2,上面两式要在收敛区间 $(-R_1,R_1)$ 与 $(-R_2,R_2)$ 中较小的区间内成立.

性质 2 设幂级数 $\sum\limits_{n=0}^{\infty}a_nx^n$ 在收敛区间 $(-R,R)$ 内的和函数为 $s(x)$,则

(1) $s(x)$ 在收敛区间 $(-R,R)$ 内连续;

(2) $s(x)$ 在收敛区间 $(-R,R)$ 内可导,且

$$s'(x)=\sum_{n=0}^{\infty}(a_nx^n)'=\sum_{n=0}^{\infty}na_nx^{n-1};$$

(3) $s(x)$ 在收敛区间 $(-R,R)$ 内可积,且

$$\int_0^x s(x)\mathrm{d}x=\sum_{n=0}^{\infty}\int_0^x a_nx^n\mathrm{d}x=\sum_{n=0}^{\infty}\frac{a_n}{n+1}x^{n+1}.$$

简单地说,幂级数在收敛区间内可以逐项求导或逐项积分,并且逐项求导或逐项积分所得的幂级数的收敛区间不变,但在收敛区间的端点处,级数的敛散性可能会改变.

例 5 求幂级数 $\sum\limits_{n=1}^{\infty}nx^n$ 在收敛区间 $(-1,1)$ 内的和函数.

解 设幂级数的和函数为 $s(x)$,则 $s(x)=\sum\limits_{n=1}^{\infty}nx^n=x\sum\limits_{n=1}^{\infty}nx^{n-1}$.

记 $\varphi(x)=\sum\limits_{n=1}^{\infty}nx^{n-1}$,则

$$\int_0^x \varphi(x)\mathrm{d}x = \int_0^x \Big(\sum_{n=1}^{\infty} nx^{n-1}\Big)\mathrm{d}x = \sum_{n=1}^{\infty}\int_0^x nx^{n-1}\mathrm{d}x = \sum_{n=1}^{\infty} x^n = \frac{x}{1-x},$$

求导得

$$\varphi(x)=\left(\frac{x}{1-x}\right)'=\frac{1}{(1-x)^2},$$

于是，有 $s(x)=x\varphi(x)=\dfrac{x}{(1-x)^2}$ $(-1<x<1)$，此即为所求得的和函数.

例 6　求幂级数 $\sum\limits_{n=1}^{\infty}(-1)^{n-1}\dfrac{x^{2n-1}}{2n-1}$ 在收敛区间$(-1,1)$内的和函数.

解　设幂级数的和函数为 $s(x)$，即 $s(x)=\sum\limits_{n=1}^{\infty}(-1)^{n-1}\dfrac{x^{2n-1}}{2n-1}$，且 $s(0)=0$，逐项求导得

$$s'(x)=\Big(\sum_{n=1}^{\infty}(-1)^{n-1}\frac{x^{2n-1}}{2n-1}\Big)'=\sum_{n=1}^{\infty}(-1)^{n-1}x^{2n-2}=\frac{1}{1+x^2},$$

积分得

$$s(x)=\int_0^x s'(x)\mathrm{d}x=\int_0^x \frac{1}{1+x^2}\mathrm{d}x=\arctan x,$$

即 $s(x)-s(0)=\arctan x$，亦即 $s(x)=\arctan x$.

练　习　6.2

1. 求下列幂级数的收敛半径与收敛区间.

(1) $x+2x^2+3x^3+\cdots+nx^n+\cdots$；

(2) $\dfrac{x}{2}+\dfrac{x^2}{2\cdot 4}+\dfrac{x^3}{2\cdot 4\cdot 6}+\cdots+\dfrac{x^n}{2\cdot 4\cdot\cdots\cdot 2n}+\cdots$；

(3) $\sum\limits_{n=1}^{\infty}(-1)^n\dfrac{x^{2n+1}}{2n+1}$；　　(4) $\sum\limits_{n=1}^{\infty}\dfrac{2^n}{n^2+1}$；

(5) $\sum\limits_{n=1}^{\infty}(-1)^n\dfrac{(x-3)^n}{n\cdot 5^n}$；　　(6) $\sum\limits_{n=1}^{\infty}\dfrac{2n-1}{2^n}x^{2n-2}$.

2. 利用逐项求导或逐项积分，求下列幂级数在收敛区间内的和函数.

(1) $\sum\limits_{n=1}^{\infty}(n+1)x^n$，$|x|<1$；　　(2) $\sum\limits_{n=1}^{\infty}\dfrac{x^{4n+1}}{4n+1}$，$|x|<1$；

(3) $\sum\limits_{n=1}^{\infty}\dfrac{n(n+1)}{2}x^{n-1}$，$|x|<1$；　　(4) $\sum\limits_{n=1}^{\infty}(2n+1)x^{n-1}$，$|x|<1$；

(5) $\sum\limits_{n=1}^{\infty}\dfrac{x^n}{n}$，$|x|<1$，并求级数$\sum\limits_{n=1}^{\infty}\dfrac{1}{n\cdot 3^n}$ 的和.

6.3　将函数展开成幂级数

由于幂级数的每一项都是幂函数，所以它的部分和 $s_n(x)$是 x 的一个 n 次多项式，而多项式的运算是比较简单的. 在收敛区间内，幂函数的和函数 $s(x)$就可以用它的部

分和 $s_n(x)$ 来逼近它,而且由于当 $n\to\infty$ 时,误差 $|r_n|=s(x)-s_n(x)$ 趋于零,所以用这种逼近可以达到任意的精确度.这就启发我们去考虑如何将一个较复杂的函数用多项式去逼近它,这个问题实质上就是把已知函数展开成幂级数的问题.

6.3.1 泰勒级数

并非任何一个函数都可以用幂级数来表示的,那么满足什么条件的函数才能用幂级数来表示呢?对于这个问题,可以从下面两个角度来讨论:

(1) 如果一个函数 $f(x)$ 已经用幂级数来表示了,那么这个函数必须具备什么条件,这时幂级数是什么样的;

(2) 如果幂级数已是式①中指出的那种形式,那么这个幂级数的和函数是否就是 $f(x)$?

设 $f(x)$ 已经表示成幂级数 $\sum\limits_{n=0}^{\infty}a_n(x-x_0)^n$,即 $f(x)$ 是该幂级数的和函数,则

$$\begin{aligned} f(x) &= \sum_{n=0}^{\infty}a_n(x-x_0)^n \\ &= a_0+a_1(x-x_0)+a_2(x-x_0)^2+\cdots+a_n(x-x_0)^n+\cdots. \end{aligned} \quad ①$$

两边对 x 求导,得

$$f'(x)=a_1+2a_2(x-x_0)+3a_3(x-x_0)^2+\cdots+na_n(x-x_0)^{n-1}+\cdots;$$

两边再求导,得

$$f''(x)=2a_2+3\cdot 2a_3(x-x_0)+4\cdot 3a_4(x-x_0)^2+\cdots+n(n-1)a_n(x-x_0)^{n-2}+\cdots,$$

不断重复上述步骤,得

$$f^{(n)}(x)=n!\ a_n+(n+1)!\ a_{n+1}(x-x_0)+\frac{(n+2)!}{2!}a_{n+2}(x-x_0)^2+\cdots \quad (n=1,2,\cdots).$$

将 $x=x_0$ 代入以上各式,得

$$a_0=f(x_0),\ a_1=f'(x_0),\ a_2=\frac{1}{2!}f''(x_0),\ \cdots,\ a_n=\frac{1}{n!}f^{(n)}(x_0),\cdots.$$

将这些系数代入式①,得

$$f(x)=f(x_0)+f'(x_0)(x-x_0)+\frac{f''(x_0)}{2!}(x-x_0)^2+\cdots+\frac{f^{(n)}(x_0)}{n!}(x-x_0)^n+\cdots.$$

于是可以讲,如果函数 $f(x)$ 已经用幂级数①表示,那么 $f(x)$ 必须有任意阶导数存在(在点 x_0 处),且其幂级数的形式为

$$f(x_0)+f'(x_0)(x-x_0)+\frac{f''(x_0)}{2!}(x-x_0)^2+\cdots+\frac{f^{(n)}(x_0)}{n!}(x-x_0)^n+\cdots, \quad ②$$

而且这种幂级数的形式是唯一的.

级数②称为函数 $f(x)$ 在点 x_0 处的泰勒级数,其系数为

$$a_0=f(x_0),\ a_1=f'(x_0),\ a_2=\frac{f''(x_0)}{2!},\ \cdots,\ a_n=\frac{f^{(n)}(x_0)}{n!},\ \cdots,$$

且称其为 $f(x)$ 在点 x_0 处的泰勒系数.

现在反过来研究，如果函数 $f(x)$ 在点 x_0 处具有任意阶导数，那么它的泰勒级数的和函数是否就是 $f(x)$ 呢？不一定. 这样的例子本教材不准备讲了. 我们关心的是函数 $f(x)$ 除了在点 x_0 处有任意阶导数外，再附加什么条件才能使它的泰勒级数的和函数就是它本身. 关于这个问题有下面的定理.

定理 1（泰勒定理）　设函数 $f(x)$ 在点 x_0 的某邻域内具有任意阶导数，则 $f(x)$ 在该邻域内能展开成泰勒级数的充分必要条件是：$\lim\limits_{n\to\infty}R_n(x)=0$. 其中 $R_n(x)=\dfrac{f^{(n+1)}(\xi)}{(n+1)!}(x-x_0)^{n+1}$（$\xi$ 在 x_0 与 x 之间）是 $f(x)$ 在点 x_0 处的 n 阶泰勒余项.（证明从略）

将 $x_0=0$ 代入式②，得

$$f(0)+f'(0)x+\frac{f''(0)}{2!}x^2+\cdots+\frac{f^{(n)}(0)}{n!}x^n+\cdots,$$

称其为麦克劳林级数.

在式②中当 $n=0$ 时，得

$$f(x)=f(x_0)+f'(\xi)(x-x_0)\quad(\xi \text{ 在 } x_0 \text{ 与 } x \text{ 之间}).$$

这就是拉格朗日中值定理.

6.3.2　函数展开成幂级数

1. 直接展开法

要把函数 $f(x)$ 在点 $x=0$ 处展开成 x 的幂级数，可按下列步骤进行（展开为 $x-x_0$ 的幂级数与之类似）.

(1) 先求出 $f(x)$ 的各阶导数：$f'(x)$，$f''(x)$，…，$f^{(n)}(x)$，….

(2) 求出函数及其各阶导数在点 $x=0$ 处的导数值：

$$f(0),\ f'(0),\ f''(0),\ \cdots,\ f^{(n)}(0),\ \cdots.$$

(3) 求出幂级数 $f(0)+f'(0)x+\dfrac{f''(0)}{2!}x^2+\cdots+\dfrac{f^{(n)}(0)}{n!}x^n+\cdots$ 的收敛半径.

(4) 考察 $f(x)$ 在收敛区间 $(-R,R)$ 内余项 $R_n(x)$ 的极限

$$\lim_{n\to\infty}R_n(x)=\lim_{n\to\infty}\frac{f^{(n+1)}(\xi)}{(n+1)!}x^{n+1}\quad(\xi \text{ 在 } 0 \text{ 与 } x \text{ 之间})$$

是否为零，如果为零，第三步写出的幂级数在收敛区间内就收敛于 $f(x)$.

例 1　将函数 $f(x)=\mathrm{e}^x$ 展开成 x 的幂级数.

解　各阶导数为 $f'(x)=f''(x)=\cdots=f^{(n)}(x)=\cdots=\mathrm{e}^x$，故

$$f'(0)=f''(0)=\cdots=f^{(n)}(0)=\cdots=1,$$

于是得级数

$$1+x+\frac{x^2}{2!}+\cdots+\frac{x^n}{n!}+\cdots,$$

易知该级数的收敛半径为 $R=+\infty$.

又因为 $|R_n(x)|=\left|\dfrac{f^{(n+1)}(\xi)}{(n+1)!}x^{n+1}\right|=\left|\dfrac{\mathrm{e}^{\xi}}{(n+1)!}x^{n+1}\right|<\mathrm{e}^{|x|}\cdot\dfrac{|x|^{n+1}}{(n+1)!}$（$\xi$ 在 0 与

x 之间),且 $\mathrm{e}^{|x|}$ 是与 n 无关的一个有界数,而$\dfrac{|x|^{n+1}}{(n+1)!}$为收敛级数 $\sum\limits_{n=0}^{\infty}\dfrac{|x|^{n+1}}{(n+1)!}$ 的一般项,所以 $\lim\limits_{n\to\infty}\dfrac{|x|^{n+1}}{(n+1)!}=0$.

又由无穷小的性质知,$|R_n(x)|\to 0\ (n\to\infty)$,于是得展开式

$$\mathrm{e}^x=1+x+\frac{x^2}{2!}+\cdots+\frac{x^n}{n!}+\cdots\quad(-\infty<x<+\infty).$$

用直接法还可推得下列函数的幂级数展开式(证明从略):

$$\sin x=x-\frac{x^3}{3!}+\frac{x^5}{5!}+\cdots+(-1)^n\frac{x^{2n+1}}{(2n+1)!}+\cdots\quad(-\infty<x<+\infty),\qquad ③$$

$$(1+x)^m=1+mx+\frac{m(m-1)}{2!}x^2+\cdots+\frac{m(m-1)\cdots(m-n+1)}{n!}x^n+\cdots\quad(-1<x<1),\qquad ④$$

公式④称为二项展开式,其中 m 为任意实数. 在区间的端点 $x=\pm1$ 处,展开式是否成立,需看 m 的数值而定. 对应于 $m=\dfrac{1}{2}$与 $m=-\dfrac{1}{2}$的二项展开式分别为

$$\sqrt{1+x}=1+\frac{1}{2}x-\frac{1}{2\cdot4}x^2+\frac{1\cdot3}{2\cdot4\cdot6}x^3+\frac{1\cdot3\cdot5}{2\cdot4\cdot6\cdot8}x^4+\cdots\quad(-1\leqslant x\leqslant1),$$

$$\frac{1}{\sqrt{1+x}}=1-\frac{1}{2}x+\frac{1\cdot3}{2\cdot4}x^2-\frac{1\cdot3\cdot5}{2\cdot4\cdot6}x^3+\frac{1\cdot3\cdot5\cdot7}{2\cdot4\cdot6\cdot8}x^4-\cdots\quad(-1<x\leqslant1).$$

2. 间接展开法

由于函数的幂级数展开式是唯一的,所以有时还可以用一些已知函数展开式及幂级数的性质,将所给函数展开成幂级数,这种方法称为间接展开法.

例 2 将函数 $f(x)=\cos x$ 展开成 x 的幂级数.

解 因 $\sin x=x-\dfrac{x^3}{3!}+\dfrac{x^5}{5!}+\cdots+(-1)^n\dfrac{x^{2n+1}}{(2n+1)!}+\cdots\ (-\infty<x<+\infty)$,

两边求导得 $\quad\cos x=1-\dfrac{x^2}{2!}+\dfrac{x^4}{4!}-\cdots+(-1)^n\dfrac{x^{2n}}{(2n)!}+\cdots\ (-\infty<x<+\infty)$.

例 3 将函数 $f(x)=\ln(1+x)$展开成 x 的幂级数.

解 因为 $\quad f'(x)=\dfrac{1}{1+x}=\sum\limits_{n=0}^{\infty}(-1)^nx^n,\quad |x|<1$,

将上式逐项积分,得

$$f(x)=\int_0^x\Big(\sum_{n=0}^{\infty}(-1)^nx^n\Big)\mathrm{d}x=\sum_{n=0}^{\infty}\int_0^x(-1)^nx^n\mathrm{d}x=\sum_{n=0}^{\infty}(-1)^n\frac{x^{n+1}}{n+1}.$$

因为上式右边的幂级数在点 $x=1$ 处收敛,而 $f(x)=\ln(1+x)$在点 $x=1$ 处有定义且连续,所以

$$\ln(1+x)=x-\frac{x^2}{2}+\frac{x^3}{3}-\frac{x^4}{4}+\cdots+(-1)^n\frac{x^{n+1}}{n+1}+\cdots\ (-1<x\leqslant1).$$

综合以上结论，得到将函数展开成幂级数常用的5个公式：

(1) $e^x=1+x+\frac{x^2}{2!}+\cdots+\frac{x^n}{n!}+\cdots\ (-\infty<x<+\infty)$；

(2) $\sin x=x-\frac{x^3}{3!}+\frac{x^5}{5!}+\cdots+(-1)^n\frac{x^{2n+1}}{(2n+1)!}+\cdots\ (-\infty<x<+\infty)$；

(3) $\cos x=1-\frac{x^2}{2!}+\frac{x^4}{4!}-\cdots+(-1)^n\frac{x^{2n}}{(2n)!}+\cdots\ (-\infty<x<+\infty)$；

(4) $\ln(1+x)=x-\frac{x^2}{2}+\frac{x^3}{3}-\frac{x^4}{4}+\cdots+(-1)^n\frac{x^{n+1}}{n+1}+\cdots\ (-1<x\leqslant 1)$；

(5) $(1+x)^m=1+mx+\frac{m(m-1)}{2!}x^2+\cdots$

$$+\frac{m(m-1)\cdots(m-n+1)}{n!}x^n+\cdots\ (-1<x<1).$$

例4　将函数 $f(x)=\frac{1}{x}$展开成 $x-3$ 的幂级数.

解　因为

$$f(x)=\frac{1}{x}=\frac{1}{3+(x-3)}=\frac{1}{3}\cdot\frac{1}{1+\frac{x-3}{3}}$$

$$=\frac{1}{3}\left[1-\frac{x-3}{3}+\frac{(x-3)^2}{3^2}-\frac{(x-3)^3}{3^3}+\cdots+(-1)^n\frac{(x-3)^n}{3^n}+\cdots\right]\quad(0<x<6).$$

例5　将函数 $f(x)=\sin x$ 展开成 $x-\frac{\pi}{4}$的幂级数.

解　因为 $\sin x=\sin\left[\frac{\pi}{4}+\left(x-\frac{\pi}{4}\right)\right]=\frac{\sqrt{2}}{2}\left[\cos\left(x-\frac{\pi}{4}\right)+\sin\left(x-\frac{\pi}{4}\right)\right]$，将 $\cos\left(x-\frac{\pi}{4}\right)$，$\sin\left(x-\frac{\pi}{4}\right)$展开成幂级数，得

$$\cos\left(x-\frac{\pi}{4}\right)=1-\frac{1}{2!}\left(x-\frac{\pi}{4}\right)^2+\frac{1}{4!}\left(x-\frac{\pi}{4}\right)^4+\cdots\quad(-\infty<x<+\infty),$$

$$\sin\left(x-\frac{\pi}{4}\right)=\left(x-\frac{\pi}{4}\right)-\frac{1}{3!}\left(x-\frac{\pi}{4}\right)^3+\frac{1}{5!}\left(x-\frac{\pi}{4}\right)^5+\cdots\quad(-\infty<x<+\infty),$$

所以

$$\sin x=\frac{\sqrt{2}}{2}\left[1+\left(x-\frac{\pi}{4}\right)-\frac{1}{2!}\left(x-\frac{\pi}{4}\right)^2-\frac{1}{3!}\left(x-\frac{\pi}{4}\right)^3+\frac{1}{4!}\left(x-\frac{\pi}{4}\right)^4\right.$$
$$\left.+\frac{1}{5!}\left(x-\frac{\pi}{4}\right)^5+\cdots\right]\quad(-\infty<x<+\infty).$$

在 e^x 的幂级数展开式 $e^x=1+x+\frac{x^2}{2!}+\cdots+\frac{x^n}{n!}+\cdots$中，用 ix 代替 x，其中 $i=\sqrt{-1}$，则

$$e^{ix}=1+ix+\frac{(ix)^2}{2!}+\frac{(ix)^3}{3!}+\cdots=\left(1-\frac{x^2}{2!}+\frac{x^4}{4!}-\cdots\right)+i\left(x-\frac{x^3}{3!}+\frac{x^5}{5!}-\cdots\right)$$

$=\cos x+\mathrm{i}\sin x.$

公式 $\mathrm{e}^{\mathrm{i}x}=\cos x+\mathrm{i}\sin x$ 称为欧拉公式,再用 $-\mathrm{i}x$ 代替 x,有 $\mathrm{e}^{-\mathrm{i}x}=\cos x-\mathrm{i}\sin x$,加减这两个等式,即可导出欧拉公式的另一形式:

$$\begin{cases}\cos x=\dfrac{\mathrm{e}^{\mathrm{i}x}+\mathrm{e}^{-\mathrm{i}x}}{2},\\[2mm]\sin x=\dfrac{\mathrm{e}^{\mathrm{i}x}-\mathrm{e}^{-\mathrm{i}x}}{2^{\mathrm{i}}}.\end{cases}$$

欧拉公式揭示了三角函数与指数函数的一种联系.在许多理论和应用问题中,使用欧拉公式是很方便的.

练　习　6.3

1. 将下列函数展开成 x 的幂级数,并写出其收敛区间.

(1) 2^{x};　　(2) $x^{2}\mathrm{e}^{x^{2}}$;　　(3) $\sin\dfrac{x}{2}$;

(4) $\sin^{2}x$;　　(5) $(1+x)\ln(1+x)$;　　(6) $\ln(2+x)$.

2. 将 $\dfrac{1}{x}$ 在点 $x_{0}=1$ 处展开成泰勒级数.

3. 将 $\ln(x+1)$ 展开成 $x-2$ 的幂级数.

4. 将 $\dfrac{1}{x^{2}+4x+3}$ 展开成 $x-1$ 的幂级数.

*6.4　傅里叶级数

本节将介绍一种重要的函数项级数——傅里叶级数,它在数学、物理、工程技术中都有很广泛的应用.

6.4.1　三角级数、三角函数系的正交性

在函数项级数中,除了幂级数外,常见的还有三角级数.形如

$$\frac{a_{0}}{2}+\sum_{n=1}^{\infty}\left(a_{n}\cos\frac{n\pi t}{l}+b_{n}\sin\frac{n\pi t}{l}\right)\qquad①$$

的级数称为三角级数,其中 $a_{0},a_{n},b_{n}\ (n=1,2,\cdots)$都是常数,作变量代换 $t=\dfrac{l}{\pi}x$,则式①化为

$$\frac{a_{0}}{2}+\sum_{n=1}^{\infty}(a_{n}\cos nx+b_{n}\sin nx),\qquad②$$

所以只需讨论形如式②的三角级数.容易看出,式②的每一项都是以 2π 为周期的函数,因此,如果级数②收敛,那么其和函数也应该是一个以 2π 为周期的周期函数.如同研究幂级数时一样,必须研究三角级数②的收敛问题,以及给定周期为 2π 的函数

如何展开成三角级数②的问题. 为此,下面首先介绍三角函数系的正交性.

三角函数系 $1,\cos x,\ \sin x,\ \cos 2x,\ \sin 2x,\ \cdots,\ \cos nx,\ \sin nx,\ \cdots$组成的函数序列称为三角函数系,这个三角函数系具有下列重要性质:

$$\int_{-\pi}^{\pi} 1\cdot\cos nx\,\mathrm{d}x = 0 \quad (n = 1,2,\cdots);$$

$$\int_{-\pi}^{\pi} 1\cdot\sin nx\,\mathrm{d}x = 0 \quad (n = 1,2,\cdots);$$

$$\int_{-\pi}^{\pi} \sin kx\cdot\sin nx\,\mathrm{d}x = 0 \quad (k,n = 1,2,\cdots;k \neq n);$$

$$\int_{-\pi}^{\pi} \cos kx\cdot\cos nx\,\mathrm{d}x = 0 \quad (k,n = 1,2,\cdots;k \neq n);$$

$$\int_{-\pi}^{\pi} \sin kx\cdot\cos nx\,\mathrm{d}x = 0 \quad (k,n = 1,2,\cdots).$$

一言以蔽之,即三角函数系中任意两个不同函数的乘积在区间$[-\pi,\pi]$上的积分等于零.(证明从略)

这个性质称为三角函数系在区间$[-\pi,\pi]$上的正交性.

下面将利用三角函数系的正交性来导出系数 a_0,a_n,b_n 的公式.

6.4.2　函数展开成傅里叶级数

设周期为 2π 的函数 $f(x)$能展开成三角级数②,即

$$f(x) = \frac{a_0}{2} + \sum_{k=1}^{\infty}(a_k\cos kx + b_k\sin kx), \qquad ③$$

且假设式③右边可以逐项积分,两边积分可得

$$\int_{-\pi}^{\pi} f(x)\,\mathrm{d}x = \int_{-\pi}^{\pi}\frac{a_0}{2}\mathrm{d}x + \sum_{k=1}^{\infty}\left(a_k\int_{-\pi}^{\pi}\cos kx\,\mathrm{d}x + b_k\int_{-\pi}^{\pi}\sin kx\,\mathrm{d}x\right).$$

由三角函数系的正交性知,右边除第一项外,其余各项为零,所以

$$\int_{-\pi}^{\pi} f(x)\,\mathrm{d}x = \frac{a_0}{2}\cdot 2\pi = a_0\pi, \quad 即 \quad a_0 = \frac{1}{\pi}\int_{-\pi}^{\pi} f(x)\,\mathrm{d}x .$$

若用 $\cos nx$ 乘以式③两边后,再积分可得

$$\int_{-\pi}^{\pi} f(x)\cos nx\,\mathrm{d}x = \frac{a_0}{2}\int_{-\pi}^{\pi}\cos nx\,\mathrm{d}x + \sum_{k=1}^{\infty}\left(a_k\int_{-\pi}^{\pi}\cos kx\cos nx\,\mathrm{d}x + b_k\int_{-\pi}^{\pi}\sin kx\cos nx\,\mathrm{d}x\right).$$

由三角函数系的正交性知,等式右边除 $k=n$ 的这一项外,其余各项均为零,所以

$$\int_{-\pi}^{\pi} f(x)\cos nx\,\mathrm{d}x = a_n\int_{-\pi}^{\pi}\cos^2 nx\,\mathrm{d}x = \frac{a_n}{2}\int_{-\pi}^{\pi}(1+\cos 2nx)\,\mathrm{d}x = \frac{a_n}{2}\cdot 2\pi = a_n\pi.$$

于是得

$$a_n = \frac{1}{\pi}\int_{-\pi}^{\pi} f(x)\cos nx\,\mathrm{d}x \quad (n = 1,2,\cdots).$$

类似地,用 $\sin nx$ 乘以式③两边,再在区间$[-\pi,\pi]$上积分,可得

$$b_n = \frac{1}{\pi}\int_{-\pi}^{\pi} f(x)\sin nx\,\mathrm{d}x \quad (n = 1,2,\cdots).$$

由此得到系数 $a_0,a_n,b_n(n=1,2,\cdots)$ 与函数 $f(x)$之间的关系式为

$$\begin{cases} a_n=\dfrac{1}{\pi}\displaystyle\int_{-\pi}^{\pi}f(x)\cos nx\,\mathrm{d}x \quad (n=0,1,2,\cdots), \\ b_n=\dfrac{1}{\pi}\displaystyle\int_{-\pi}^{\pi}f(x)\sin nx\,\mathrm{d}x \quad (n=1,2,\cdots). \end{cases} \quad ④$$

由式④所确定的系数 a_0,a_n,b_n $(n=1,2,\cdots)$，称为 $f(x)$的傅里叶系数. 由傅里叶系数所确定的三角级数 $\dfrac{a_0}{2}+\displaystyle\sum_{n=1}^{\infty}(a_n\cos nx+b_n\sin nx)$ 称为 $f(x)$的傅里叶级数. 此时，不用讨论这个傅里叶级数是否收敛，也不用讨论是否收敛于 $f(x)$.

但函数 $f(x)$满足什么条件时，它的傅里叶级数收敛于 $f(x)$，或者说 $f(x)$可以展开成傅里叶级数，可以通过下面的收敛定理来说明.(证明从略)

定理(狄利克雷充分条件) 设以 2π 为周期的函数 $f(x)$在区间$[-\pi,\pi]$上满足条件:连续或只有有限个第一类间断点，并且至多只有有限个极值点，则 $f(x)$的傅里叶级数收敛，并且

(1) 当 x_0 是 $f(x)$的连续点时，级数收敛于 $f(x)$;

(2) 当 x_0 是 $f(x)$的间断点时，级数收敛于$\dfrac{f(x_0-0)+f(x_0+0)}{2}$.

上述收敛定理告诉我们，只要函数在区间$[-\pi,\pi]$上至多有有限个第一类间断点，并且不作无限次振动，那么，该级数除了有限个点外均收敛于 $f(x)$.

例 1 设 $f(x)$是周期为 2π 的函数，它在区间$[-\pi,\pi)$上的表达式为 $f(x)=x^2$，将 $f(x)$展开成傅里叶级数.

解 所给函数满足收敛定理的条件，它在区间$(-\infty,+\infty)$内处处连续，所以对应的傅里叶级数处处收敛于 $f(x)$. 和函数图形如图 6-1 所示.

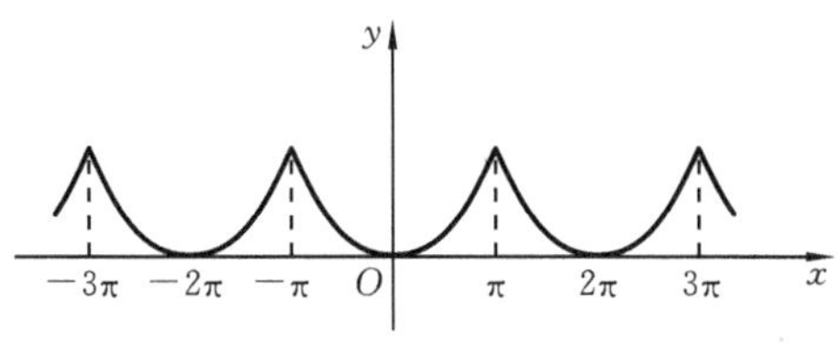

图 6-1

计算傅里叶系数如下： $a_0=\dfrac{1}{\pi}\displaystyle\int_{-\pi}^{\pi}x^2\,\mathrm{d}x=\dfrac{2}{3}\pi^2$,

$$a_n=\frac{1}{\pi}\int_{-\pi}^{\pi}x^2\cos nx\,\mathrm{d}x=\frac{1}{n\pi}[x^2\sin nx]_{-\pi}^{\pi}-\frac{2}{n\pi}\int_{-\pi}^{\pi}x\cdot\sin nx\,\mathrm{d}x$$

$$=-\frac{2}{n}\cdot\frac{(-1)^{n+1}2}{n}=\frac{(-1)^n4}{n^2},$$

$$b_n=\frac{1}{\pi}\int_{-\pi}^{\pi}x^2\sin nx\,\mathrm{d}x=0 \quad (n=1,2,\cdots),$$

所以
$$f(x)=\frac{\pi^2}{3}+4\sum_{n=1}^{\infty}\frac{(-1)^n}{n^2}\cos nx\quad(-\infty<x<+\infty).$$

例 2　设 $f(x)$是周期为 2π 的函数，它在区间$[-\pi,\pi)$上的表达式为
$$f(x)=\begin{cases}-1, & -\pi\leqslant x<0,\\ 1, & 0\leqslant x<\pi,\end{cases}$$
将 $f(x)$展开成傅里叶级数.

解　所给函数满足收敛定理的条件，但它在点 $x=k\pi$ $(k=0,\pm1,\pm2,\cdots)$处不连续，由收敛定理可知，对应的傅里叶级数收敛.

当 $x=k\pi$ 时，级数收敛于 $\frac{-1+1}{2}=\frac{1+(-1)}{2}=0$；当 $x\neq k\pi$ 时，级数收敛于 $f(x)$. 和函数的图形如图 6-2 所示.

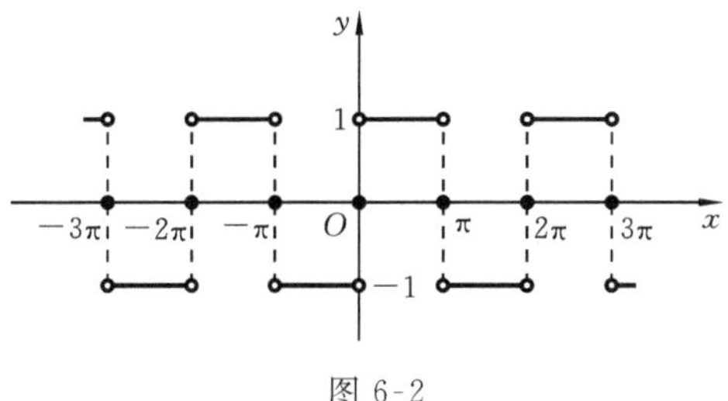

图 6-2

计算 $f(x)$的傅里叶系数如下：
$$\begin{aligned}a_n&=\frac{1}{\pi}\int_{-\pi}^{\pi}f(x)\cos nx\,\mathrm{d}x=\frac{1}{\pi}\int_{-\pi}^{0}(-1)\cos nx\,\mathrm{d}x+\frac{1}{\pi}\int_{0}^{\pi}1\cdot\cos nx\,\mathrm{d}x\\&=0\quad(n=0,1,2,\cdots),\\ b_n&=\frac{1}{\pi}\int_{-\pi}^{\pi}f(x)\sin nx\,\mathrm{d}x=\frac{1}{\pi}\int_{-\pi}^{0}(-1)\sin nx\,\mathrm{d}x+\frac{1}{\pi}\int_{0}^{\pi}1\cdot\sin nx\,\mathrm{d}x\\&=\frac{1}{\pi}\left[\frac{\cos nx}{n}\right]_{-\pi}^{0}+\frac{1}{\pi}\left[-\frac{\cos nx}{n}\right]_{0}^{\pi}=\frac{1}{n\pi}(1-\cos n\pi-\cos n\pi+1)\\&=\frac{2}{n\pi}[1-(-1)^n]=\begin{cases}\frac{4}{n\pi} & (n=1,3,5,\cdots),\\ 0 & (n=2,4,6,\cdots),\end{cases}\end{aligned}$$

所以
$$f(x)=\frac{4}{\pi}\left[\sin x+\frac{1}{3}\sin 3x+\cdots+\frac{1}{2k-1}\sin(2k-1)x+\cdots\right]$$
$$(-\infty<x<+\infty;\ x\neq k\pi,k=0,\pm1,\pm2,\cdots).$$

例 3　设 $f(x)$是周期为 2π 的函数，它在区间$[-\pi,\pi)$上的表达式为
$$f(x)=\begin{cases}0, & -\pi\leqslant x<0,\\ x, & 0\leqslant x<\pi,\end{cases}$$
将 $f(x)$展开成傅里叶级数.

解　所给函数满足收敛定理条件，它在点 $x=(2k+1)\pi$ $(k=0,\pm\pi,\pm2\pi,\cdots)$处不连续，因此 $f(x)$的傅里叶级数在点 $x=(2k+1)\pi$ 处收敛于

$$\frac{f(\pi-0)+f(\pi+0)}{2}=\frac{\pi+0}{2}=\frac{\pi}{2},$$

在连续点处收敛于 $f(x)$. 和函数图形如图 6-3 所示.

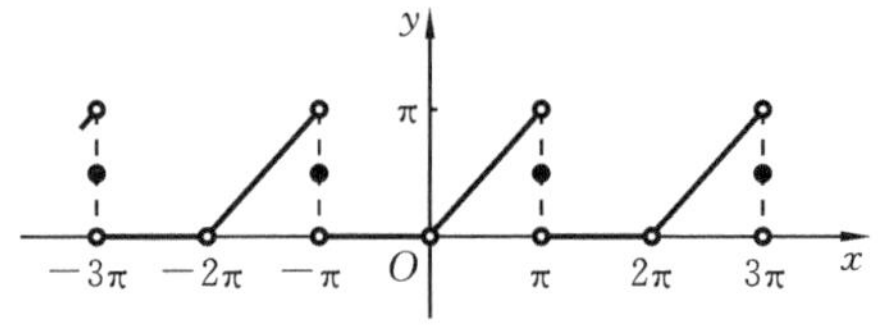

图 6-3

计算 $f(x)$ 的傅里叶系数如下:

$$a_0=\frac{1}{\pi}\int_{-\pi}^{\pi}f(x)\mathrm{d}x=\frac{1}{\pi}\int_{-\pi}^{0}0\mathrm{d}x+\frac{1}{\pi}\int_{0}^{\pi}x\mathrm{d}x=\frac{1}{\pi}\left[\frac{x^2}{2}\right]_0^{\pi}=\frac{\pi}{2},$$

$$a_n=\frac{1}{\pi}\int_{-\pi}^{\pi}f(x)\cos nx\,\mathrm{d}x=\frac{1}{\pi}\int_{0}^{\pi}x\cos nx\,\mathrm{d}x=\frac{1}{\pi}\left[\frac{x\sin nx}{n}+\frac{\cos nx}{n^2}\right]_0^{\pi}$$

$$=\frac{1}{n^2\pi}(\cos n\pi-1)=\frac{1}{n^2\pi}[(-1)^n-1]=\begin{cases}-\dfrac{2}{n^2\pi} & (n=1,3,5,\cdots),\\ 0 & (n=2,4,6,\cdots),\end{cases}$$

$$b_n=\frac{1}{\pi}\int_{-\pi}^{\pi}f(x)\sin nx\,\mathrm{d}x=\frac{1}{\pi}\int_{0}^{\pi}x\sin nx\,\mathrm{d}x=\frac{1}{\pi}\left[-\frac{x\cos nx}{n}+\frac{\sin nx}{n^2}\right]_0^{\pi}$$

$$=-\frac{\cos n\pi}{n}=\frac{(-1)^{n+1}}{n}\quad(n=1,2,\cdots),$$

所以

$$f(x)=\frac{\pi}{4}-\frac{2}{\pi}\sum_{n=1}^{\infty}\frac{\cos(2n-1)x}{(2n-1)^2}+\sum_{n=1}^{\infty}\frac{(-1)^{n+1}\sin nx}{n}$$

$$(-\infty<x<+\infty;\ x\neq\pm\pi,\pm3\pi,\cdots).$$

6.4.3 奇函数和偶函数的傅里叶级数

一般来说,一个函数的傅里叶级数既含有正弦项,又含有余弦项(如例 3). 但是也有一些函数的傅里叶级数只含有正弦项(如例 2)或者只含有余弦项. 这是什么原因呢? 实际上,这些情况与所给函数的奇偶性有关. 下面介绍一个定理.

定理 当周期为 2π 的奇函数 $f(x)$ 展开成傅里叶级数时,它的傅里叶系数为

$$\begin{cases}a_n=0 & (n=0,1,2,\cdots),\\ b_n=\dfrac{2}{\pi}\displaystyle\int_0^{\pi}f(x)\sin nx\,\mathrm{d}x & (n=1,2,\cdots).\end{cases}\qquad ⑤$$

而当周期为 2π 的偶函数 $f(x)$ 展开成傅里叶级数时,它的傅里叶系数为

$$\begin{cases}a_n=\dfrac{2}{\pi}\displaystyle\int_0^{\pi}f(x)\cos nx\,\mathrm{d}x & (n=0,1,2,\cdots),\\ b_n=0 & (n=1,2,\cdots).\end{cases}\qquad ⑥$$

此定理留给读者自己证明.

由该定理可知:若 $f(x)$ 是奇函数,则它的傅里叶级数是只含有正弦项的正弦级

数，即

$$\sum_{n=1}^{\infty} b_n \sin nx . \qquad ⑦$$

若 $f(x)$ 是偶函数，则它的傅里叶级数是只含有常数项和余弦项的余弦级数，即

$$\frac{a_0}{2} + \sum_{n=1}^{\infty} a_n \cos nx \qquad ⑧$$

例 4　设 $f(x)$ 是周期为 2π 的周期函数，它在区间 $[-\pi,\pi)$ 上的表达式为 $f(x)=x$，将 $f(x)$ 展开成傅里叶级数.

解　所给函数满足收敛定理条件，它在点 $x=(2k+1)\pi\ \ (k=0,\pm 1,\pm 2,\cdots)$ 处不连续，因此 $f(x)$ 的傅里叶级数在点 $x=(2k+1)\pi$ 处收敛于

$$\frac{f(\pi-0)+f(-\pi+0)}{2}=\frac{\pi+(-\pi)}{2}=0,$$

在连续点处收敛于 $f(x)$. 和函数图形如图 6-4 所示.

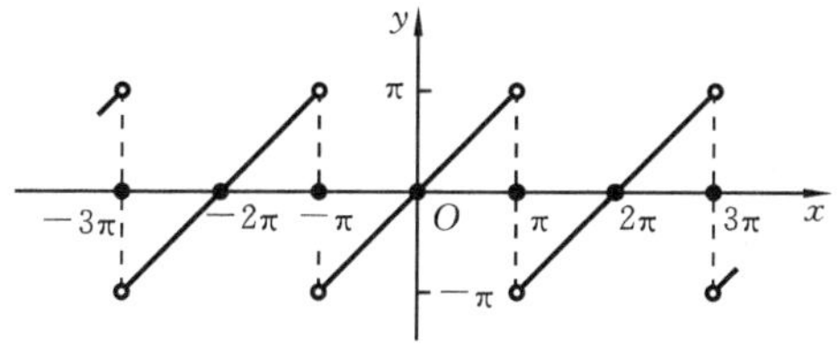

图 6-4

若不计 $x=(2k+1)\pi\ \ (k=0,\pm 1,\pm 2,\cdots)$，则 $f(x)$ 是周期为 2π 的奇函数，由式⑤知 $a_n=0\ (n=0,1,2,\cdots)$，而

$$\begin{aligned} b_n &= \frac{2}{\pi}\int_0^{\pi} f(x)\sin nx\,dx = \frac{2}{\pi}\int_0^{\pi} x\sin nx\,dx = \frac{2}{\pi}\left[-\frac{x\cos nx}{n}+\frac{\sin nx}{n^2}\right]_0^{\pi} \\ &= -\frac{2}{n}\cos n\pi=(-1)^{n+1}\frac{2}{n}\quad (n=1,2,\cdots). \end{aligned}$$

将求得的系数 b_n 代入正弦级数⑦，得 $f(x)$ 的傅里叶级数展开式为

$$f(x)=2\left(\sin x-\frac{1}{2}\sin 2x+\frac{1}{3}\sin 3x-\cdots\right)\quad (-\infty<x<+\infty;\ x\neq \pm\pi,\pm 3\pi,\cdots).$$

例 5　将函数 $f(x)=|x|=\begin{cases} -x, & -\pi\leqslant x<0, \\ x & 0\leqslant x\leqslant \pi \end{cases}$ 展开成傅里叶级数.

解　所给函数在区间 $[-\pi,\pi]$ 上满足收敛条件，并在拓广为以 2π 为周期的周期函数时，它在每一点处都连续（见图 6-5），因此拓广的周期函数的傅里叶级数在区间

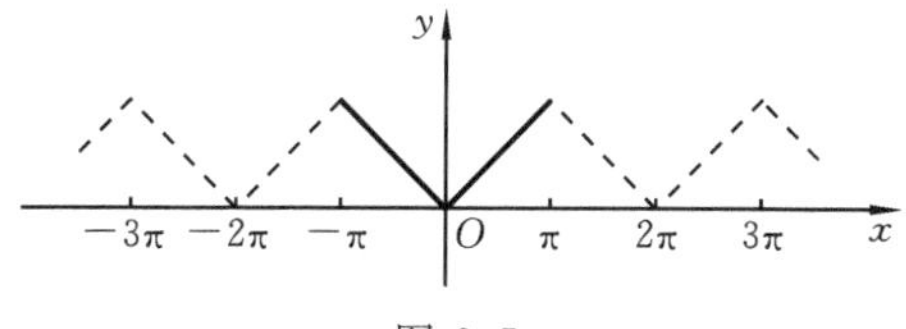

图 6-5

$[-\pi,\pi]$上收敛于 $f(x)$.

拓广后的周期函数为偶函数,所以由式⑥得

$$b_n=0\quad(n=1,2,\cdots),$$

$$a_0=\frac{2}{\pi}\int_0^{\pi}f(x)\mathrm{d}x=\frac{2}{\pi}\int_0^{\pi}x\mathrm{d}x=\frac{2}{\pi}\left[\frac{x^2}{2}\right]_0^{\pi}=\pi,$$

$$a_n=\frac{2}{\pi}\int_0^{\pi}f(x)\cos nx\mathrm{d}x=\frac{2}{\pi}\int_0^{\pi}x\cos nx\mathrm{d}x=\frac{2}{\pi}\left[-\frac{x\sin nx}{n}+\frac{\cos nx}{n^2}\right]_0^{\pi}$$

$$=\frac{2}{n^2\pi}(\cos n\pi-1)=\begin{cases}-\dfrac{4}{n^2\pi} & (n=1,3,5,\cdots),\\ 0 & (n=2,4,6,\cdots).\end{cases}$$

将求得的系数代入式⑧,得

$$f(x)=\frac{\pi}{2}-\frac{4}{\pi}\left(\cos x+\frac{1}{3^2}\cos 3x+\frac{1}{5^2}\cos 5x+\cdots\right)\quad(-\pi\leqslant x\leqslant\pi).$$

在以上展开式中,令 $x=0$,代入得 $0=\frac{\pi}{2}-\frac{4}{\pi}\left(1+\frac{1}{3^2}+\frac{1}{5^2}+\cdots\right)$,所以

$$\frac{\pi^2}{8}=1+\frac{1}{3^2}+\frac{1}{5^2}+\cdots.$$

这样,我们就利用傅里叶级数解决了这个特殊的常数项级数的求和问题.利用这个关系式还可以推出另一些结果.

令
$$s=1+\frac{1}{2^2}+\frac{1}{3^2}+\frac{1}{4^2}+\cdots,$$

$$s_1=1+\frac{1}{3^2}+\frac{1}{5^2}+\cdots+\frac{1}{(2n-1)^2}+\cdots,$$

$$s_2=\frac{1}{2^2}+\frac{1}{4^2}+\cdots+\frac{1}{(2n)^2}+\cdots,$$

则 $s=s_1+s_2$,且 $s_2=\frac{1}{4}s=\frac{1}{4}(s_1+s_2)$,所以

$$s_2=\frac{1}{3}s_1=\frac{1}{2^2}+\frac{1}{4^2}+\cdots+\frac{1}{(2n)^2}+\cdots=\frac{\pi^2}{24},$$

$$s=\frac{\pi^2}{24}+\frac{\pi^2}{8}=\frac{\pi^2}{6}=1+\frac{1}{2^2}+\cdots+\frac{1}{n^2}+\cdots.$$

练　习　6.4

1. 下列函数 $f(x)$的周期为 2π,试将各函数展开成傅里叶级数.

(1) $f(x)=\begin{cases}x, & -\pi\leqslant x<0,\\ 0, & 0\leqslant x<\pi;\end{cases}$　　(2) $f(x)=2x^2\quad(-\pi\leqslant x<\pi)$;

(3) $f(x)=\begin{cases}\pi+x, & -\pi\leqslant x<0,\\ \pi-x, & 0\leqslant x<\pi;\end{cases}$　　(4) $f(x)=\mathrm{e}^x+1\quad(-\pi\leqslant x<\pi)$;

(5) $f(x)=2\sin\frac{x}{3}\quad(-\pi\leqslant x<\pi)$;　　(6) $f(x)=|\sin x|\quad(-\pi\leqslant x<\pi)$.

2. 将下列函数展开成傅里叶级数.

(1) $f(x)=\begin{cases} e^x, & -\pi\leqslant x<0, \\ 1, & 0\leqslant x\leqslant\pi; \end{cases}$　　(2) $f(x)=\cos\frac{x}{2}$ $(-\pi\leqslant x\leqslant\pi)$.

*6.5　周期为 $2l$ 的周期函数的傅里叶级数

实际中遇到的周期函数,其周期不一定是 2π,因而就需要讨论把以 $2l$(l 为任意实数)为周期的周期函数展开成傅里叶级数的问题.而根据周期函数的特性,我们只要研究区间$[-l,l]$上的周期函数的傅里叶级数就可以了.如果函数在区间$[-l,l]$上满足收敛定理的条件,就可以经过简单的代换把它变换到区间$[-\pi,\pi]$上,从而得到它的展开式.

设 $f(x)$是以 $2l$ 为周期的函数,且在区间$[-l,l)$上满足收敛定理的条件.令

$$x=\frac{l}{\pi}t,\quad 即\quad t=\frac{\pi}{l}x,$$

从而 $f(x)=f\left(\frac{l}{\pi}t\right)$,于是函数 $F(t)=f\left(\frac{l}{\pi}t\right)$是以 2π 为周期的函数,且在区间$[-\pi,\pi]$上满足收敛定理的条件.$F(t)$的傅里叶级数展开式为

$$F(t)=\frac{a_0}{2}+\sum_{n=1}^{\infty}(a_n\cos nt+b_n\sin nt),$$

其中,

$$\begin{cases} a_n=\dfrac{1}{\pi}\displaystyle\int_{-\pi}^{\pi}f\left(\frac{l}{\pi}t\right)\cos nt\,dt & (n=0,1,2,\cdots), \\ b_n=\dfrac{1}{\pi}\displaystyle\int_{-\pi}^{\pi}f\left(\frac{l}{\pi}t\right)\sin nt\,dt & (n=1,2,\cdots). \end{cases}$$

以 $t=\frac{\pi}{l}x$ 代入以上各式,便得到以 $2l$ 为周期的函数 $f(x)$的傅里叶级数展开式为

$$f(x)=\frac{a_0}{2}+\sum_{n=1}^{\infty}\left(a_n\cos\frac{n\pi x}{l}+b_n\sin\frac{n\pi x}{l}\right),\tag{①}$$

其中,

$$\begin{cases} a_n=\dfrac{1}{l}\displaystyle\int_{-l}^{l}f(x)\cos\frac{n\pi x}{l}dx & (n=0,1,2,\cdots), \\ b_n=\dfrac{1}{l}\displaystyle\int_{-l}^{l}f(x)\sin\frac{n\pi x}{l}dx & (n=1,2,\cdots). \end{cases}\tag{②}$$

如果 $f(x)$为奇函数,则

$$f(x)=\sum_{n=1}^{\infty}b_n\sin\frac{n\pi x}{l},\tag{③}$$

其中,

$$b_n=\frac{2}{l}\int_0^l f(x)\sin\frac{n\pi x}{l}dx\quad(n=1,2,\cdots).\tag{④}$$

如果 $f(x)$为偶函数,则

$$f(x)=\frac{a_0}{2}+\sum_{n=1}^{\infty}a_n\cos\frac{n\pi x}{l},\tag{⑤}$$

其中，
$$a_n=\frac{2}{l}\int_0^l f(x)\cos\frac{n\pi x}{l}\mathrm{d}x\quad(n=0,1,2,\cdots).\qquad ⑥$$

例 1 设 $f(x)$ 是周期为 4 的周期函数，它在区间 $[-2,2)$ 上的表达式为
$$f(x)=\begin{cases}0, & -2\leqslant x<0,\\ A, & 0\leqslant x<2,\end{cases}$$
其中，常数 $A\neq 0$. 试将 $f(x)$ 展开成傅里叶级数.

解 函数 $f(x)$ 的图形如图 6-6 所示，它满足收敛定理的条件，在点 $x=2k$ $(k=0,\pm1,\pm2,\cdots)$ 处不连续，因此在这些点处，对应的傅里叶级数不收敛于 $f(x)$.

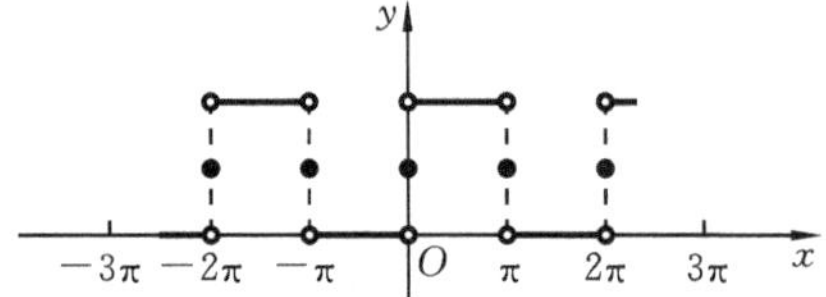

图 6-6

由式②计算傅里叶系数. 由于 $l=2$，因此
$$a_0=\frac{1}{2}\int_{-2}^0 0\mathrm{d}x+\frac{1}{2}\int_0^2 A\mathrm{d}x=A,$$
$$a_n=\frac{1}{2}\int_0^2 A\cos\frac{n\pi x}{2}\mathrm{d}x=\left[\frac{A}{n\pi}\sin\frac{n\pi x}{2}\right]_0^2=0\quad(n=1,2,\cdots),$$
$$b_n=\frac{1}{2}\int_0^2 A\sin\frac{n\pi x}{2}\mathrm{d}x=\left[-\frac{A}{n\pi}\cos\frac{n\pi x}{2}\right]_0^2=\frac{A}{n\pi}(1-\cos n\pi)$$
$$=\begin{cases}\dfrac{2A}{n\pi} & (n=1,3,5,\cdots),\\ 0 & (n=2,4,6,\cdots).\end{cases}$$
将求得的系数代入式①，得
$$f(x)=\frac{A}{2}+\frac{2A}{\pi}\left(\sin\frac{\pi x}{2}+\frac{1}{3}\sin\frac{3\pi x}{2}+\frac{1}{5}\sin\frac{5\pi x}{2}+\cdots\right)$$
$$(-\infty<x<+\infty;\ x\neq 0,\pm2,\pm4,\cdots).$$

对于只定义在区间 $[-l,l]$ 上的函数，可以用周期延拓的方法将它展开成傅里叶级数.

对于只定义在区间 $[0,l]$ 上的函数，可以用奇延拓或偶延拓的方法把它展开成正弦级数或余弦级数.

例 2 试将 $f(x)=1-x$ $(0\leqslant x\leqslant 1)$ 展开成正弦级数与余弦级数.

解 $f(x)$ 是定义在区间 $[0,1]$ 上的函数，且满足收敛定理的条件，为把 $f(x)$ 展开成正弦级数，须先将 $f(x)$ 进行奇延拓和周期延拓，在区间 $(-1,1)$ 上的表达式为
$$F_1(x)=\begin{cases}1-x, & 0<x\leqslant 1,\\ 0, & x=0,\\ -1-x, & -1<x<0.\end{cases}$$

$F_1(x)$的图形如图 6-7 所示,计算 $F_1(x)$的傅里叶系数如下:

$$b_n=2\int_0^1 f(x)\sin n\pi x\mathrm{d}x=2\int_0^1(1-x)\sin n\pi x\mathrm{d}x$$

$$=2\left[-\frac{1}{n\pi}\cos n\pi x-\frac{1}{n^2\pi^2}\sin n\pi x+\frac{x}{n\pi}\cos n\pi x\right]_0^1=\frac{2}{n\pi}\quad(n=1,2,\cdots).$$

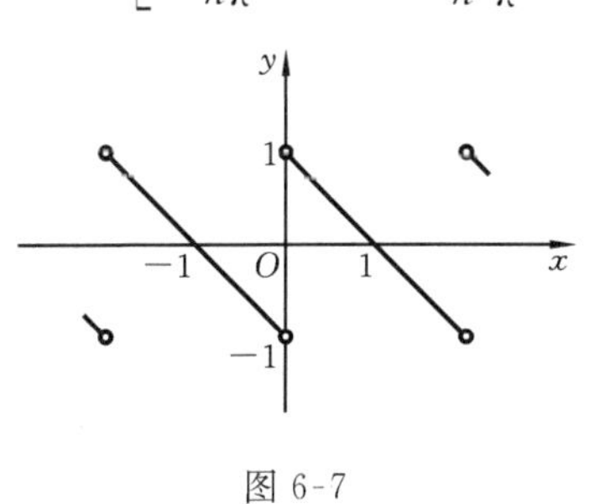

图 6-7

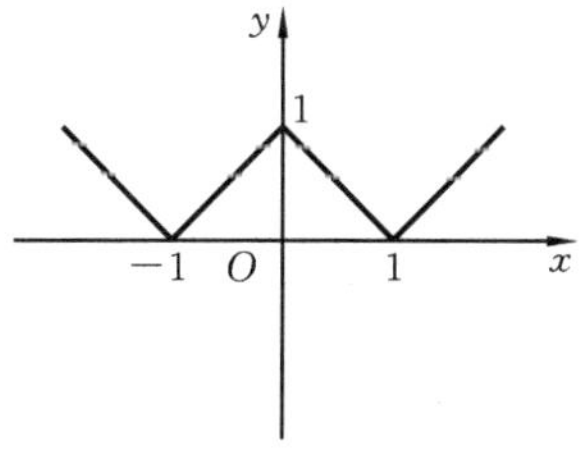

图 6-8

于是得正弦级数

$$1-x=\frac{2}{\pi}\sum_{n=1}^{\infty}\frac{1}{n}\sin n\pi x\quad(0<x\leqslant 1).$$

当 $x=0$ 时,该级数收敛于零.

若将 $f(x)$进行偶延拓,$F_2(x)$的图形如图 6-8 所示,它在区间$[-1,1]$上的表达式为

$$F_2(x)=\begin{cases}1+x, & -1\leqslant x<0,\\ 1-x, & 0\leqslant x\leqslant 1.\end{cases}$$

计算 $F_2(x)$的傅里叶系数如下:

$$a_0=2\int_0^1(1-x)\mathrm{d}x=1,$$

$$a_n=2\int_0^1(1-x)\cos n\pi x\mathrm{d}x=2\left[\frac{1}{n\pi}\sin n\pi x-\frac{1}{n^2\pi^2}\cos n\pi x-\frac{1}{n\pi}x\sin n\pi x\right]_0^1$$

$$=\frac{2}{n^2\pi^2}(1-\cos n\pi)=\frac{2}{n^2\pi^2}[1-(-1)^n]$$

$$=\begin{cases}\dfrac{4}{n^2\pi^2} & (n=1,3,5,\cdots),\\ 0 & (n=2,4,6,\cdots).\end{cases}$$

于是得余弦级数

$$1-x=\frac{1}{2}+\frac{4}{\pi^2}\sum_{n=1}^{\infty}\frac{1}{(2n-1)^2}\cos(2n-1)\pi x\quad(0\leqslant x\leqslant 1).$$

练　习　6.5

1. 将下列周期函数展开成傅里叶级数.

(1) $f(x)=\begin{cases}2x+1, & -3\leqslant x<0,\\ 1, & 0\leqslant x<3;\end{cases}$ (2) $f(x)=\begin{cases}-x-l, & -l\leqslant x<-\dfrac{l}{2},\\ x, & -\dfrac{l}{2}\leqslant x<\dfrac{l}{2},\\ -x+l, & \dfrac{l}{2}\leqslant x<l.\end{cases}$

2. 将下列函数分别展开成正弦级数和余弦级数.

(1) $f(x)=x^2$, $0\leqslant x\leqslant 2$; (2) $f(x)=\begin{cases}x, & 0\leqslant x\leqslant 1,\\ 2-x, & 1<x\leqslant 2.\end{cases}$

综合练习 6

一、填空题

1. 级数 $\sum\limits_{n=1}^{\infty}\dfrac{x^n}{n!}$ 的收敛半径 $R=$______,收敛区间为______.

2. 级数 $\sum\limits_{n=0}^{\infty}aq^n(a\neq 0)$ 当 $|q|<1$ 时是______,此时 $s=$ ______,而当 $|q|\geqslant 1$ 时级数是______.

3. 考虑级数的敛散性,级数 $\sum\limits_{n=1}^{\infty}\dfrac{9^n}{8^n}$ 是______,级数 $\sum\limits_{n=1}^{\infty}\dfrac{1}{2^n}$ 是______.

4. 级数 $\dfrac{1}{1\cdot 4}+\dfrac{1}{4\cdot 7}+\dfrac{1}{7\cdot 10}+\cdots$ 的一般项 $u_n=$______,部分和 $s_n=$______,和 $s=$______.

5. 若级数 $\sum\limits_{n=0}^{\infty}a_nx^n$ 的收敛半径为 R,则 $\sum\limits_{n=0}^{\infty}a_nx^{2n}$ 的收敛半径为______.

6. $f(x)=x\sin x$ 的麦克劳林展开式为______.

7. $f(x)=\ln(2+x)$ 展开为 x 的幂级数为______,展开为 $x+1$ 的幂级数为______.

8. 以 2π 为周期的奇函数 $f(x)$ 展开为傅里叶级数,其系数公式为 $b_n=$______.

9. 将以 $2l$ 为周期的函数 $f(x)$ 展开为傅里叶级数,其系数公式为 $a_0=$______,$a_n=$______,$b_n=$______.

二、选择题

1. 已知 $\dfrac{1}{1+x}=1-x+x^2-x^3+\cdots$,则 $\dfrac{1}{1+x^2}$ 展开为 x 的幂级数为(　　).

(A) $1+x^2+x^4+\cdots$　　(B) $-1+x^2-x^4+\cdots$

(C) $-1-x^2-x^4-\cdots$　　(D) $1-x^2+x^4-\cdots$

2. 幂级数 $\sum\limits_{n=0}^{\infty}x^n$ 在收敛区间 $(-1,1)$ 内的和函数为(　　).

(A) $\dfrac{1}{1+x}$　　(B) $\dfrac{1}{1-x}$　　(C) $\dfrac{1}{1+x^2}$　　(D) $\dfrac{1}{1-x^2}$

3. 幂级数 $\sum\limits_{n=1}^{\infty}\dfrac{1}{n3^n}x^{2n}$ 的收敛区间为(　　).

(A) $(-\sqrt{3},\sqrt{3})$　　(B) $\left(-\frac{1}{\sqrt{3}},\frac{1}{\sqrt{3}}\right)$　　(C) $\left(-\frac{1}{3},\frac{1}{3}\right)$　　(D) $(-3,3)$

4. 设幂级数 $\sum_{n=0}^{\infty}a_nx^n$ 在 $x=-2$ 处收敛,则该级数在 $x=-2$ 处(　　).

(A) 条件收敛　　(B) 发散　　(C) 绝对收敛　　(D) 敛散性不确定

5. 幂级数 $\sum_{n=0}^{\infty}\frac{2^n}{n+1}x^n$ 的收敛半径 $R=$(　　).

(A) 2　　(B) 1　　(C) 1/2　　(D) 1/4

6. 幂级数 $\sum_{n=0}^{\infty}(-1)^n\frac{x^n}{2n+3}$ 的收敛区间为(　　).

(A) $(-1,1)$　　(B) $[-1,1]$　　(C) $[-1,1)$　　(D) $(-1,1]$

7. $\lim\limits_{n\to\infty}u_n=0$ 是级数 $\sum_{n=1}^{\infty}u_n$ 收敛的(　　).

(A) 充要条件　　(B) 充分条件　　(C) 必要条件　　(D) 非充分非必要条件

8. 若级数 $\sum_{n=1}^{\infty}u_n$ 收敛于 s,则级数 $\sum_{n=1}^{\infty}(u_n+u_{n+1})$ 收敛于(　　).

(A) $2s$　　(B) $2s+u_1$　　(C) $2s-u_1$　　(D) 发散

9. 级数 $\sum_{n=1}^{\infty}(-1)^n\frac{1}{n^{\frac{5}{4}}}$ 的敛散性是(　　).

(A) 绝对收敛　　(B) 条件收敛　　(C) 敛散性不确定　　(D) 发散

10. 以 2π 为周期的函数 $f(x)=x^2$ $(-\pi\leqslant x<\pi)$展开为傅里叶级数,其系数为(　　).

(A) $a_0=0,a_n=(-1)^n\frac{1}{n^2}$　　(B) $a_0=\frac{2\pi^2}{3},a_n=\frac{(-1)^n}{n^2}$

(C) $a_0=\frac{2\pi^2}{3},a_n=(-1)^n\frac{4}{n^2}$　　(D) $a_0=\frac{\pi^2}{3},a_n=\frac{(-1)^n}{n^2}$

三、解答题

1. 判别下列级数的敛散性.

(1) $\sum_{n=1}^{\infty}\left[\left(\frac{4}{5}\right)^n+\frac{n+1}{n^2+8}\right]$;　　(2) $\sum_{n=1}^{\infty}\frac{n!}{(n+1)(n+2)\cdots(2n)}$;

(3) $\sum_{n=1}^{\infty}\frac{n^n}{n!}$;　　(4) $\sum_{n=1}^{\infty}\frac{2^nn!}{n^n}$;　　(5) $\sum_{n=1}^{\infty}\frac{n^2}{3^n}$.

2. 判别下列级数的敛散性,如果收敛,是绝对收敛还是条件收敛?

(1) $\sum_{n=1}^{\infty}(-1)^{n-1}\frac{1}{\sqrt{n}}$;　　(2) $\sum_{n=1}^{\infty}\frac{(-1)^{n-1}n}{3^{n-1}}$;

(3) $\sum_{n=1}^{\infty}(-1)^n\frac{2^n}{n}$;　　(4) $\sum_{n=1}^{\infty}(-1)^n\frac{1}{n^p}$.

3. 求下列幂级数的收敛半径和收敛区间.

(1) $\sum_{n=1}^{\infty}(\sqrt{x})^n$;　　(2) $\sum_{n=1}^{\infty}\frac{n!}{2^n}x^n$;　　(3) $\sum_{n=1}^{\infty}\frac{x^{2n+1}}{2n+1}$;

(4) $\sum_{n=1}^{\infty}\frac{(x-5)^n}{\sqrt{n}}$;　　(5) $\sum_{n=1}^{\infty}\frac{3^n}{n}(x-1)^n$;　　(6) $\sum_{n=1}^{\infty}\frac{(x+3)^n}{n^2}$.

4. 将函数 $f(x)=\frac{2}{1-x^2}$展开为 x 的幂级数.

5. 将函数 $f(x)=\cos x$ 展开为 $x+\frac{\pi}{3}$的幂级数.

6. 将函数 $f(x)=\frac{1}{x}$展开为 $x-3$ 的幂级数.

7. 将函数 $f(x)=\frac{1}{2+x-x^2}$展开为 x 的幂级数,并写出其收敛区间(不考虑端点).

8. 设函数 $f(x)=\begin{cases} 0 & (-\pi<x\leqslant 0) \\ x^2 & (0<x<\pi) \end{cases}$是以 2π 为周期的函数,将 $f(x)$展开为傅里叶级数.

*第 7 章　微分方程及其应用

在解决实际问题的过程中，经常需要寻求表示客观事物的变量之间的函数关系，而且往往不能直接找出所需要的函数关系，但是根据问题所提供的情况，有时可以列出含有要找的函数的导数或微分的关系式.这样的关系式就称为微分方程.微分方程建立以后，对它进行研究，找出未知函数，这就是解微分方程.本章将通过具体的例子来介绍微分方程的基本概念及几类常见微分方程的求解方法，并在实际例子中渗透数学建模的思想.

7.1　一阶微分方程应用举例

7.1.1　一阶微分方程

1. 可分离变量的微分方程

案例 1(镭的衰变)　镭是一种放射性物质.实验得出，在给定时刻 t，镭的衰变速率(质量减少的即时速度)与镭的现存量 $m=m(t)$ 成正比.又当 $t=0$ 时，$m=m_0$.求镭的存量与时间 t 的函数关系.

解　依题意，时刻 t 时镭的存量 $m(t)$ 是 t 的函数，由于镭的现存量 m 随时间 t 而减少，故镭的衰变速率 $\frac{\mathrm{d}m(t)}{\mathrm{d}t}$ 为负值，按照衰变规律知

$$\frac{\mathrm{d}m(t)}{\mathrm{d}t}=-km(t), \qquad ①$$

其中，$k(k>0)$ 为一正的比例常数.

$m(t)$ 还满足初始条件　$m|_{t=0}=m_0$.

将方程①变形为　$$\frac{\mathrm{d}m}{m}=-k\mathrm{d}t. \qquad ②$$

两边积分，得　$$\ln m=-kt+C_1,$$

即　$$m=C\mathrm{e}^{-kt}\,(C=\mathrm{e}^{C_1}).$$

将初始条件 $m|_{t=0}=m_0$ 代入上式，得 $C=m_0$，故镭的衰变规律可表示为

$$m=m_0\mathrm{e}^{-kt}.$$

从该案例中我们发现，为了求解方程①，可以把方程①变形为方程②，方程②的左边只含有变量 m，而右边只含有变量 t.对变量 t 和 m 进行分离后，方程两边都可以直接积分，从而得到微分方程的通解.这种将变量分离的方法称为分离变量法，方程①称为可分离变量的方程.

如果一阶微分方程可化为

$$\frac{dy}{dx}=f(x)g(y) \qquad ③$$

的形式,那么原方程称为可分离变量的微分方程.

方程③的特点是:等式右边可以分解成两个函数之积,$f(x)$是只含有 x 的函数,$g(y)$是只含有 y 的函数.

案例 2(曲线方程) 求曲线上任一点 M 处的切线 MT 与直线 OM 的夹角.

解 设所求曲线为 $y=y(x)$,M 为曲线上的任意一点,坐标为 $M(x,y)$. 如图 7-1 所示,设点 M 处的切线 MT 与直线 OM 夹角为 α,直线 OM 与 x 轴正向的夹角为 θ,则

$$\tan\theta=\frac{y}{x},\quad \tan(\alpha+\theta)=\frac{dy}{dx}.$$

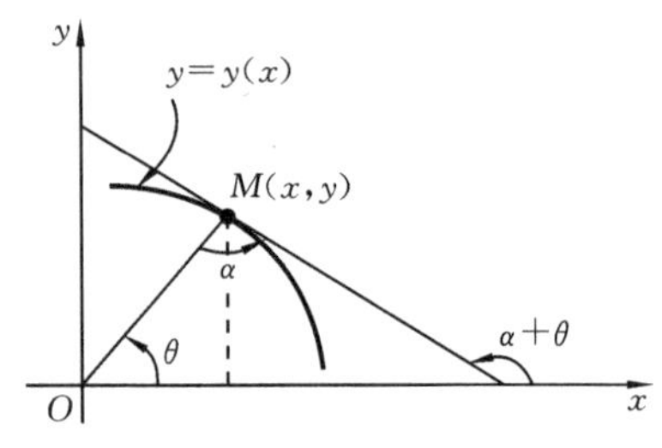

图 7-1

由于

$$\tan\theta=\tan[(\theta+\alpha)-\alpha]=\frac{\tan(\theta+\alpha)-\tan\alpha}{1+\tan(\theta+\alpha)\tan\alpha},$$

即

$$\frac{y}{x}=\frac{y'-\tan\alpha}{1+y'\tan\alpha}.$$

为表示简便,设 $a=\tan\alpha$,上式即为

$$\frac{y}{x}=\frac{y'-a}{1+y'a},$$

变形得

$$\frac{dy}{dx}=\frac{y+ax}{x-ay}, \qquad ④$$

将上式变形为

$$\frac{dy}{dx}=\frac{\frac{y}{x}+a}{1-a\frac{y}{x}}.$$

令 $u=\frac{y}{x}$,则 $y=xu$,$y'=u+x\frac{du}{dx}$,代入方程有 $u+x\frac{du}{dx}=\frac{u+a}{1-au}$,整理得 $\frac{du}{dx}=\frac{a(u^2+1)}{x(1-au)}$,这样将变量 y 转换为变量 u,于是方程④变成了可以分离变量的方程. 分离变量后,有

$$\frac{1-au}{a(1+u^2)}du=\frac{1}{x}dx,$$

两边积分得

$$\frac{1}{a}\arctan u-\frac{1}{2}\ln(1+u^2)=\ln x+\ln C_1,$$

即

$$\ln(C_1x\sqrt{1+u^2})=\frac{1}{a}\arctan u,$$

亦即

$$C_1x\sqrt{1+\left(\frac{y}{x}\right)^2}=e^{\frac{1}{a}\arctan\frac{y}{x}}.$$

于是,方程④的通解为 $\sqrt{x^2+y^2}=Ce^{\frac{1}{a}\arctan\frac{y}{x}}$,其中 $a=\tan\alpha$,α 为夹角.

注 像方程④这样的方程称为齐次方程,它的一般形式为

$$\frac{\mathrm{d}y}{\mathrm{d}x}=f\left(\frac{y}{x}\right). \qquad ⑤$$

为求解齐次方程⑤,可令 $u=\frac{y}{x}$,则 $y=xu$,两边对 x 求导得 $\frac{\mathrm{d}y}{\mathrm{d}x}=u+x\frac{\mathrm{d}u}{\mathrm{d}x}$,将此式代入方程⑤得

$$u+x\frac{\mathrm{d}u}{\mathrm{d}x}=f(u),$$

即

$$\frac{\mathrm{d}u}{\mathrm{d}x}=\frac{f(u)-u}{x}. \qquad ⑥$$

方程⑥为可分离变量的微分方程,应用分离变量法可求解出 u 和 x 的关系式,然后再代回原来的变量,便得到方程⑤的解.

2. 一阶线性微分方程

形如

$$\frac{\mathrm{d}y}{\mathrm{d}x}+P(x)y=Q(x) \qquad ⑦$$

的微分方程称为一阶线性微分方程,其中 $P(x)$,$Q(x)$ 均为 x 的已知函数. 当 $Q(x)\equiv 0$ 时,称方程⑦为齐次线性微分方程;当 $Q(x)$ 不恒为零时,称方程⑦为非齐次线性微分方程.

设方程⑦为非齐次线性微分方程,把 $Q(x)$ 换成零,得

$$\frac{\mathrm{d}y}{\mathrm{d}x}+P(x)y=0. \qquad ⑧$$

称方程⑧为对应于方程⑦的齐次线性微分方程. 又因

$$y=Ce^{-\int P(x)\mathrm{d}x}, \qquad ⑨$$

于是得到方程 ⑦ 的通解为

$$y=\left[\int Q(x)e^{\int P(x)\mathrm{d}x}\mathrm{d}x+C\right]e^{-\int P(x)\mathrm{d}x}. \qquad ⑩$$

用常数变易法求一阶非齐次线性方程的通解的步骤如下.

(1) 先求出非齐次线性方程所对应的齐次方程的通解.

(2) 根据所求出的齐次方程的通解设出非齐次线性方程的解(将所求出的齐次方程的通解中的任意常数 C 改为待定函数 $C(x)$ 即可).

(3) 将所设解代入齐次线性方程,解出 $C(x)$,并写出非齐次线性方程的通解.

例 1 求方程 $\frac{\mathrm{d}y}{\mathrm{d}x}+2xy=4x$ 的通解.

解 此方程为一阶非齐次线性方程. 首先,求对应的齐次方程

$$\frac{\mathrm{d}y}{\mathrm{d}x}+2xy=0 \qquad ⑪$$

的通解. 方程⑪分离变量得 $\frac{\mathrm{d}y}{y}=-2x\mathrm{d}x \quad (y\neq 0)$,

两边积分得 $\ln|y|=-x^2+C_1$,

化简后得齐次方程⑪的通解为

$$y=C\mathrm{e}^{-x^2}. \tag{12}$$

再利用常数变易法求非齐次线性方程的通解,为此将方程⑫中的任意常数换成待定函数 $C(x)$,即令 $y=C(x)\mathrm{e}^{-x^2}$ 为原方程的通解,将其代入方程⑪得

$$C'(x)\mathrm{e}^{-x^2}-2xC(x)\mathrm{e}^{-x^2}=-2xC(x)\mathrm{e}^{-x^2}+4x,$$

化简后得 $C'(x)=4x\mathrm{e}^{x^2}$,

两边积分得 $C(x)=2\mathrm{e}^{x^2}+C$.

将所求的 $C(x)$ 的代入方程⑫,得原方程的通解为

$$y=2+C\mathrm{e}^{x^2}.$$

例 2 求微分方程 $(y^2-6x)y'+2y=0$ 满足初始条件 $y|_{x=2}=1$ 的特解.

解 注意到这个方程不是未知函数 y 与 y' 的线性方程,但是可将它变形为

$$\frac{\mathrm{d}x}{\mathrm{d}y}=\frac{6x-y^2}{2y},$$

即

$$\frac{\mathrm{d}x}{\mathrm{d}y}-\frac{3}{y}x=-\frac{y}{2}. \tag{13}$$

若将 x 视为 y 的函数,则对于 $x(y)$ 及其导数 $\frac{\mathrm{d}x}{\mathrm{d}y}$ 来说,方程⑬是一个一阶线性方程,由通解公式⑩得

$$x=\mathrm{e}^{\int\frac{3}{y}\mathrm{d}y}\left[\int\left(-\frac{y}{2}\right)\mathrm{e}^{-\int\frac{3}{y}\mathrm{d}y}\mathrm{d}y+C\right]=y^2\left(\frac{1}{2y}+C\right).$$

将条件 $y|_{x=2}=1$ 代入,得 $C=3/2$. 因此,所求特解为

$$x=\frac{3}{2}y+\frac{y^2}{2}.$$

7.1.2 一阶微分方程应用举例

案例 3 物体冷却过程的数学模型.

将温度为 $T_0=100$ ℃的开水冲进热水瓶且塞紧塞子后放在温度为 $T_a=20$ ℃的室内,24 h 后,瓶内热水温度降为 50 ℃,问冲进开水 12 h 后瓶内热水的温度是多少?(设瓶内热水冷却的速度与水的温度和室温之差成正比)

分析 这是一类物体冷却过程的问题. 一个物体的温度变化速度与这一物体的温度和其所在的介质的温度的差值成比例,这是已经为实验所证明了的牛顿冷却定律.

设时刻 t 时,物体的温度为 $T=T(t)$,所在的介质温度为 T_a 保持不变,则物体温度变化的速度为 $\frac{\mathrm{d}T}{\mathrm{d}t}$. 又因物体随时间变化而逐渐冷却,故温度变化的速度恒负. 由牛

顿冷却定律得

$$\frac{\mathrm{d}T}{\mathrm{d}t}=-k(T-T_a)\quad(k>0), \tag{①}$$

其中 k 为比例系数. 这是物体冷却过程的数学模型,它是一个一阶线性微分方程.

对方程①分离变量得 $$\frac{\mathrm{d}T}{T-T_a}=-kt,$$

解得 $$T=T_a+Ce^{-kt}.$$

又当 $t=0$ 时,$T=T_0$,故 $$C=T_0-T_a,$$

于是方程①的解为 $$T=T_a+(T_0-T_a)e^{-kt}. \tag{②}$$

解　设时刻 t 时,水的温度为 T ℃,由题意知

$$\frac{\mathrm{d}T}{\mathrm{d}t}=-k(T-20)\quad(k>0),$$

其中 k 为比例系数. 初始条件为 $$T(0)=100,$$

解得 $$T=20+80e^{-kt}. \tag{③}$$

由 $T(24)=50$ 得到 $e^{-k}=\left(\frac{3}{8}\right)^{\frac{1}{24}}$. 故冲进开水 12 h 后瓶内热水的温度为

$$T(12)=20+80(e^{-k})^{12}=\left[20+80\left(\frac{3}{8}\right)^{\frac{1}{2}}\right]℃\approx 54.6\ ℃.$$

注　通过方程③可以计算任何时刻 t 物体的温度 T 的数值,另外当 $t\to\infty$ 时,$T\to 20$ ℃. 这可以解释为:经过一段时间后,物体的温度和空气的温度将没有什么差别.

案例 4　人口模型.

人口、工业化的资金、粮食、不可再生资源、环境污染是人类在地球上生存所面临的五大问题,而人口问题是这五大问题之首. 目前,世界人口总体上还在不断的增长. 特别是在我国,人口问题尤为突出,预测人口发展趋势,控制人口增长,已成为我国重点关注的问题. 而认识人口变化规律,建立人口模型,对人口数量作出较准确的预报是控制人口增长的前提. 下面介绍几种人口模型.

1. 简单模型

要预测未来若干年的人口数,要知道两个重要因素:当前的人口数 x_0、今后这些年的增长率(出生率－死亡率).

最简单的人口模型为:设当前的人口数 x_0,k 年后人口数为 x_k,年增长率为 r,则

$$x_k=x_0(1+r)^k.$$

这个模型建立的基本条件是年增长率 r 保持不变,而且只能预测第 k 年后的人口数.

2. 指数增长模型(Malthus 人口模型)

英国人口学家马尔萨斯(Malthus)在担任牧师期间,查看了当地教堂 100 多年来人口出生的统计资料,发现了这样的一个现象:人口出生率是一个常数. 在 1798 年他发表了《人口原理》一书,其中提出了闻名于世的 Malthus 人口模型.

假设在人口自然增长的过程中,净相对增长率(单位时间内,人口的净增长数与人数之比)是常数,记此常数为 r. 设在 t 时刻的人口为 $N(t)$,在考察一个国家或者一个较大地区的人口数量时,$N(t)$是一个很大的整数,将 $N(t)$看做是 t 的连续可微函数. 记在初始时刻 $t=t_0$ 时的人口为 N_0.

在 t 到 $t+\Delta t$ 这段时间内,人口数量 $N=N(t)$的增量为

$$N(t+\Delta t)-N(t)=rN(t)\Delta t,$$

即

$$\frac{N(t+\Delta t)-N(t)}{\Delta t}=rN(t).$$

于是当 $\Delta t\to 0$ 时,$N=N(t)$满足微分方程

$$\frac{\mathrm{d}N}{\mathrm{d}t}=rN, \qquad ④$$

初始条件为 $N(t_0)=N_0$. 这就是 Malthus 人口模型.

将式④分离变量得$\frac{\mathrm{d}N}{N}=r\mathrm{d}t$,两边积分得 $\ln N(t)=rt+C_1$(C_1 为任意常数),

即

$$N(t)=C\mathrm{e}^{rt} \quad (C=\mathrm{e}^{C_1}). \qquad ⑤$$

当 $t=t_0$ 时,$N(t_0)=N_0$,代入式⑤得 $C=N_0\mathrm{e}^{-rt_0}$. 于是

$$N(t)=N_0\mathrm{e}^{r(t-t_0)}. \qquad ⑥$$

注 (1) 当人口总数不大时,生存空间、资源等较充裕,人口总数指数增长是可能的. 这个模型与 19 世纪以前欧洲一些地区的人口统计数据可以很好地吻合. 数据表明,在 1700—1961 年期间,人口约 35 年增长一倍. 每年平均的人口自然增长率为 2%,按模型计算,取 $r=0.02$,$t=0$,$N(0)=N_0$,于是有 $2N_0=N_0\mathrm{e}^{0.02t}$,化简得 $\ln 2=0.02t$,即

$$t=50\ln 2\approx 50\times 0.639\approx 34.6,$$

亦即每 34.6 年增加 1 倍. 该模型计算的结果和实际吻合得相当好.

(2) 当人们用该模型对 1790 年以来的美国人口进行检验时,发现有很大差异. 对世界人口进行预测,也会得出惊异的结论:当 $t=2670$ 年时,$N(t)=4.4\times 10^5$,即 4400 万亿,这相当于地球上每平方米要容纳至少 20 人.

显然,用这一模型进行预测的结果远高于实际人口增长,从长远来看,任何地区的人口都不可能无限增长. Malthus 模型不能描述和预测较长时期的人口演变过程.

练 习 7.1

1. 求解下列微分方程.

(1) $\frac{\mathrm{d}y}{\mathrm{d}x}=\mathrm{e}^{x-y}$;

(2) $(x^2+y^2)\mathrm{d}x-xy\mathrm{d}y=0$;

(3) $y'-\frac{y}{x}=2\tan\frac{y}{x}$;

(4) $\frac{\mathrm{d}y}{\mathrm{d}x}=\frac{x-y}{x+y}$.

2. 求解下列一阶线性微分方程.

(1) $\frac{dy}{dx}+2y=xe^{-x}$；　　(2) $\frac{dy}{dx}+y\tan x=\sin 2x$；

(3) $xy'=x\sin x-y$；　　(4) $y'+\frac{2y}{x}=\frac{e^{-x^2}}{x}$.

3. 求下列微分方程满足初始条件的特解.

(1) $2y'\sqrt{x}=y$，$y|_{x=4}=1$；　　(2) $\frac{dy}{dx}=y^2\sin x$，$y|_{x=0}=-1$；

(3) $(y^2-3x^2)dy-2xydx=0$，$y|_{x=0}=1$.

4. 设一质量为 m 的降落伞从跳伞塔下落，所受空气阻力与速度成正比，比例系数为 k，降落伞离开塔顶($t=0$)时的速度为零. 求降落伞下落速度与时间 t 的函数的关系.

***5.** 油气田开发实践表明，准确预测油气产量与可采储量始终是一项既重要又困难的工作. 请根据表7-1前苏联北斯塔夫罗波尔—佩基阿金气田1957—1976年的产气量数据，通过观察和适当修改人口预报模型中的增长率形式，建立该气田的产气量预测模型，并与实际情况进行对比.

表 7-1

年份	1957	1958	1959	1960	1961	1962	1963	1964	1965	1966
产量/10^8 m^3	19	43	59	82	92	113	138	148	151	157
年份	1967	1968	1969	1970	1971	1972	1973	1974	1975	1976
产量/10^8 m^3	158	155	137	109	89	79	70	60	53	45

7.2　二阶常系数齐次线性微分方程

定义　形如

$$y''+py'+qy=0 \quad (p,q\text{ 是常数}) \qquad ①$$

的微分方程称为二阶常系数齐次线性微分方程.

定理　设 $y=y_1(x)$ 与 $y=y_2(x)$ 为二阶常系数齐次线性微分方程①的两个相互独立的特解(即 $y_2(x)/y_1(x)$ 不恒等于常数)，则 $y=C_1y_1+C_2y_2$(C_1 与 C_2 为任意常数)为方程①的通解.

证　由假设知，$y_1(x)$ 与 $y_2(x)$ 为方程①的解，所以

$$y_1''+py_2'+qy_1=0,\quad y_2''+py_2'+qy_2=0.$$

又　　$y=C_1y_1+C_2y_2$，　$y'=C_1y_1'+C_2y_2'$，　$y''=C_1y_1''+C_2y_2''$，

代入式①左边得

$$\begin{aligned}y''+py'+qy&=C_1y_1''+C_2y_2''+pC_1y_1'+C_2y_2'+qC_1y_1+C_2y_2\\&=C_1(y_1''+py_1'+qy_1)+C_2(y_2''+py_2'+qy_2)=0.\end{aligned}$$

所以 $y=C_1y_1+C_2y_2$ 为方程①的解.

因为 $y_2(x)/y_1(x)$ 不恒等于常数，于是 $y=C_1y_1+C_2y_2$ 中含有两个相互独立的任意常数 C_1 和 C_2，所以 $y=C_1y_1+C_2y_2$ 是方程①的通解.

由此定理可知,求方程①的通解问题可归结为求方程①的两个相互独立的特解.为了寻找这两个特解,先分析齐次线性方程的特点.齐次线性方程①左边是未知函数与未知函数的一阶导数、二阶导数的某种组合,它们分别乘以某个常数后可以合并为零.注意到当 r 为常数时,指数函数 $y=\mathrm{e}^{rx}$ 和它的各阶导数只相差一个常数因子,因此不妨用 $y=\mathrm{e}^{rx}$ 来尝试.

设 $y=\mathrm{e}^{rx}$ 为方程①的解,则 $y'=r\mathrm{e}^{rx}$,$y''=r^2\mathrm{e}^{rx}$,代入方程①得

$$(r^2+pr+q)\mathrm{e}^{rx}=0.$$

因为 $\mathrm{e}^{rx}\neq0$,所以有

$$r^2+pr+q=0. \qquad ②$$

只要 r 满足式②,函数 $y=\mathrm{e}^{rx}$ 就是微分方程①的解.通常,把代数方程②称为微分方程①的特征方程,把特征方程的根称为特征根.

由于特征方程是一元二次方程,故其特征根有三种不同的情况,相应地可得到微分方程①的三种不同形式的通解.

(1) 当 $p^2-4q>0$ 时,特征方程②有两个不相等的实根 r_1 和 r_2,此时可得方程①的两个特解 $y_1=\mathrm{e}^{r_1x}$,$y_2=\mathrm{e}^{r_2x}$.因为 $y_2/y_1=\mathrm{e}^{(r_2-r_1)x}\neq$常数,故 $y_1=\mathrm{e}^{r_1x}$,$y_2=\mathrm{e}^{r_2x}$ 是相互独立的,于是 $y=C_1\mathrm{e}^{r_1x}+C_2\mathrm{e}^{r_2x}$ 是方程①的通解.

(2) 当 $p^2-4q=0$ 时,特征方程②有两个相等的实根 $r_1=r_2$,此时可得微分方程①的一个特解 $y_1=\mathrm{e}^{r_1x}$.又直接验证可知,$y_2=x\mathrm{e}^{r_1x}$ 也是方程①的解,且 $y_2/y_1=x\neq$常数,从而得到微分方程①的通解为

$$y=C_1\mathrm{e}^{r_1x}+C_2x\mathrm{e}^{r_1x},\quad 即\quad y=\mathrm{e}^{r_1x}(C_1+C_2x).$$

(3) 当 $p^2-4q<0$ 时,特征方程②有一对共轭复根:

$$r_1=\alpha+\mathrm{i}\beta,\quad r_2=\alpha-\mathrm{i}\beta.$$

于是得到微分方程①的两个特解为

$$y_1=\mathrm{e}^{(\alpha+\mathrm{i}\beta)x},\quad y_2=\mathrm{e}^{(\alpha-\mathrm{i}\beta)x}.$$

但它们是复数形式,为应用方便,利用欧拉公式 $\mathrm{e}^{\mathrm{i}\theta}=\cos\theta+\mathrm{i}\sin\theta$ 可得到实数形式的通解.

将 y_1 和 y_2 改写成

$$y_1=\mathrm{e}^{\alpha x}(\cos\beta x+\mathrm{i}\sin\beta x),\quad y_2=\mathrm{e}^{\alpha x}(\cos\beta x-\mathrm{i}\sin\beta x),$$

于是方程①的通解为

$$y=Ay_1+By_2=\mathrm{e}^{\alpha x}[(A+B)\cos\beta x+\mathrm{i}(A-B)\sin\beta x],$$

其中 A,B 为任意常数.又设 $C_1=A+B$,$C_2=(A-B)\mathrm{i}$,故微分方程①的通解为

$$y=\mathrm{e}^{\alpha x}(C_1\cos\beta x+C_2\sin\beta x).$$

综上所述,求微分方程①通解的步骤可归纳如下:

(1) 写出微分方程①的特征方程 $r^2+pr+q=0$;

(2) 求出特征根;

(3) 根据特征根的不同形式,按照表 7-2 写出微分方程①的通解.

表 7-2

特征方程 $r^2+pr+q=0$ 的根 r_1,r_2	微分方程 $y''+py'+qy=0$ 的通解
两个不等实根 $r_1\neq r_2$	$y=C_1e^{r_1x}+C_2e^{r_2x}$
两个相等实根 $r_1=r_2$	$y=(C_1+C_2x)e^{r_1x}$
一对共轭复根 $r_{1,2}=\alpha+i\beta$	$y=e^{\alpha x}(C_1\cos\beta x+C_2\sin\beta x)$

二阶常系数齐次线性方程的特征方程记忆如下:

$$\begin{array}{ccccc} y'' & +p\cdot & y' & +q\cdot & y=0, \\ \downarrow & & \downarrow & & \downarrow \\ r^2 & +p\cdot & r & +q\cdot & 1=0. \end{array}$$

例 1　求微分方程 $y''+2y'-3y=0$ 的通解.

解　所给微分方程的特征方程为

$$r^2+2r-3=0,$$

特征根为 $r_1=1,r_2=-3$. 于是,所求微分方程的通解为

$$y=C_1e^x+C_2e^{-3x}.$$

例 2　求微分方程 $y''-6y'+9y=0$ 的通解.

解　所给微分方程的特征方程为

$$r^2-6r+9=0,$$

特征根 $r_1=r_2=0$. 于是,所求微分方程的通解为

$$y=e^{3x}(C_1+C_2x).$$

例 3　求微分方程 $y''+4y'+13y=0$ 的通解.

解　所给微分方程的特征方程为

$$r^2+4r+13=0,$$

特征根 $r_{1,2}=-2\pm 3i$. 于是,所求微分方程的通解为

$$y=e^{-2x}(C_1\cos 3x+C_2\sin 3x).$$

案例(RLC 电路)　在如图 7-2 所示的 RLC 电路中,先将开关 S 拨向 A,使电容充电,当达到稳定状态后再将开关拨向 B. 设开关 S 拨向 A 的时间 $t=0$,求 $t>0$ 时回路中的电流 $i(t)$. 已知 $E=20$ V,$C=0.5$ F,$L=1.6$ H,$R=4.8$ Ω,且 $i|_{t=0}=0$,$\left.\frac{di}{dt}\right|_{t=0}=\frac{25}{2}$.

解　在电路 RLC 中各元件的电压降分别为

$$\begin{cases} U_R=Ri, \\ U_C=\frac{1}{C}Q, \\ U_L=-E_L=L\frac{di}{dt}. \end{cases}$$

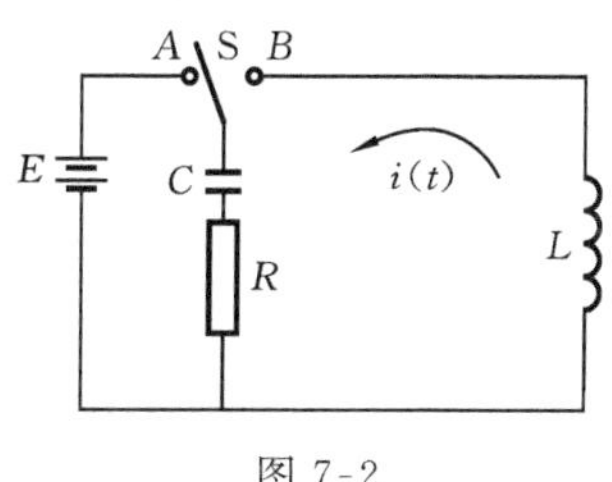

图 7-2

根据回路电压定律，得

$$U_L+U_R+U_C=E.$$

将上述各式代入，得

$$L\frac{\mathrm{d}i}{\mathrm{d}t}+Ri+\frac{1}{C}Q=E. \qquad ③$$

在上式两边对 t 求导，因为 $\frac{\mathrm{d}Q}{\mathrm{d}t}=i$，因此得 $L\frac{\mathrm{d}^2i}{\mathrm{d}t^2}+R\frac{\mathrm{d}i}{\mathrm{d}t}+\frac{1}{C}i=0$，即

$$\frac{\mathrm{d}^2i}{\mathrm{d}t^2}+\frac{R}{L}\frac{\mathrm{d}i}{\mathrm{d}t}+\frac{1}{LC}i=0. \qquad ④$$

方程④即为二阶常系数齐次线性微分方程. 将 $R=4.8$，$L=1.6$，$C=0.5$ 代入，得

$$\frac{\mathrm{d}^2i}{\mathrm{d}t^2}+3\frac{\mathrm{d}i}{\mathrm{d}t}+\frac{5}{4}i=0. \qquad ⑤$$

方程⑤的特征方程为 $$r^2+3r+\frac{5}{4}=0,$$

特征根为 $r_1=-\frac{5}{2}$，$r_2=-\frac{1}{2}$. 于是，方程⑤的通解为

$$i=C_1\mathrm{e}^{-\frac{5}{2}t}+C_2\mathrm{e}^{-\frac{1}{2}t}. \qquad ⑥$$

为求得满足初始条件的特解，求导数得

$$i'=-\frac{5}{2}C_1\mathrm{e}^{-\frac{5}{2}t}-\frac{1}{2}C_2\mathrm{e}^{-\frac{1}{2}t}. \qquad ⑦$$

将初始条件 $i|_{t=0}=0$，$\left.\frac{\mathrm{d}i}{\mathrm{d}t}\right|_{t=0}=\frac{25}{2}$，代入式⑥和式⑦得

$$\begin{cases}C_1+C_2=0,\\ \frac{5}{2}C_1+\frac{1}{2}C_2=-\frac{25}{2}.\end{cases}$$

解得 $C_1=-\frac{25}{4}$，$C_2=\frac{25}{4}$. 因此，回路电流为

$$i=-\frac{25}{4}\mathrm{e}^{-\frac{5}{2}t}+\frac{25}{4}\mathrm{e}^{-\frac{1}{2}t}.$$

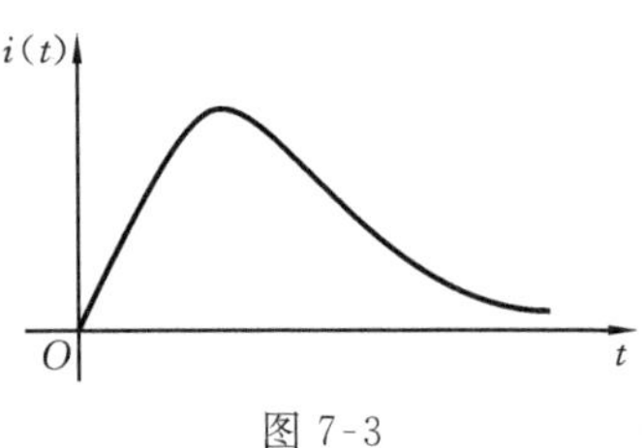

图 7-3

图 7-3 为电流 i 的图形. 当开关 S 拨向 B 后，回路中的反向电流 i 先由 0 开始逐渐增大，达到最大值后逐渐趋于 0.

练 习 7.2

1. 求下列微分方程的通解.

(1) $y''-2y'+y=0$；　　(2) $y''-8y'+16y=0$；

(3) $y''+6y'+5y=0$；　　(4) $y''+y'-2y=0$.

2. 求下列微分方程的通解.

(1) $y''+9y=0$；　　(2) $y''-2y'+5y=0$.

3. 试求由微分方程 $y''-y=0$ 所确定的一条积分曲线 $y=y(x)$，使它在点(0,1)处与直线 $y-3x=1$ 相切.

4. 求方程 $\frac{d^2s}{dt^2}+2\frac{ds}{dt}+s=0$ 满足初始条件 $s|_{t=0}=4, s'|_{t=0}=-2$ 的特解.

5. 长为 6 m 的链条自高 6 m 的桌上无摩擦地向下滑动，假定在运动开始时，链条自桌上垂下部分已有 1 m 长，试问需经多长时间后链条才全部滑过桌子？

7.3　二阶常系数非齐次线性微分方程

案例　电源是时间 t 的已知函数的 RLC 电路.

在 7.2 节的案例 RLC 电路中，如果电源 E 不是常数，而是时间 t 的已知函数，记为 $E(t)$，则方程 $\frac{d^2i}{dt^2}+\frac{R}{L}\frac{di}{dt}+\frac{1}{LC}i=0$ 变为 $\frac{d^2i}{dt^2}+\frac{R}{L}\frac{di}{dt}+\frac{1}{LC}i=\frac{dE(t)}{dt}$，该方程的右边是时间 t 的函数，通常把这样的方程称为二阶常系数非齐次线性微分方程.

定义　形如

$$y''+py'+qy=f(x)\quad (p,q\text{ 是常数}) \qquad ①$$

的微分方程称为二阶常系数非齐次线性微分方程. 称方程

$$y''+py'+qy=0 \qquad ②$$

为对应于方程①的齐次线性微分方程.

由 7.2 节的讨论知，一阶非齐次线性微分方程的通解等于对应的齐次线性方程的通解与非齐次线性方程的一个特解之和. 而二阶常系数非齐次线性微分方程具有相类似的性质.

定理　设 $y^*=y^*(x)$ 是二阶常系数非齐次线性微分方程①的一个特解，而 Y 为对应于方程①的齐次线性微分方程②的通解，则 $y=Y+y^*$ 为方程①的通解.

由此定理可知，二阶常系数非齐次线性微分方程的通解，可按下面三个步骤来求：

(1) 求其对应的齐次线性微分方程的通解 Y；

(2) 求非齐次线性微分方程的一个特解 y^*；

(3) 原方程的通解为 $y=Y+y^*$.

求齐次线性微分方程的通解 Y 的方法前面已讨论过，所以只要研究一下如何求非齐次方程①的一个特解就可以了. 限于篇幅，这里只讨论 $f(x)$ 为以下形式的情形.

$f(x)=P_m(x)$，其中 $P_m(x)$ 为 x 的 m 次多项式，即

$$P_m(x)=a_0x^m+a_1x^{m-1}+\cdots+a_{m-1}x+a_m,$$

亦即

$$y''+py'+qy=P_m(x). \qquad ③$$

(1) 当 $q\neq 0$ 时，可设方程①的一个特解为 $y^*=Q_m(x)$；

(2) 当 $q=0, p\neq 0$ 时，可设方程①的一个特解为 $y^*=xQ_m(x)$；

(3) 当 $p=q=0$ 时,可设方程①的一个特解为 $y^*=x^2Q_m(x)$.

例 1 求方程 $y''+y'=2x-3$ 的一个特解.

解 因为 $P_m(x)=2x-3$ 是一个一次多项式,且 $q=0,p\neq0$,因而可设方程的一个特解为 $y^*=x(Ax+B)$,则 $(y^*)'=2Ax+B,(y^*)''=2A$,将 $y^*,(y^*)',(y^*)''$ 代入原方程得

$$2A+2Ax+B=2x-3,$$

比较系数得

$$\begin{cases}2A=2,\\2A+B=-3,\end{cases}$$

解得 $A=1,B=-5$. 于是求得原方程的一个特解为 $y^*=x(x-5)$.

例 2 求方程 $y''+4y'+5y=1$ 满足初始条件 $y|_{x=0}=0,y'|_{x=0}=1$ 的特解.

解 (1) 求对应齐次方程 $y''+4y'+5y=0$ 的通解 Y.

特征方程为 $r^2+4r+5=0$,特征根为 $r_{1,2}=-2\pm\mathrm{i}$,所以

$$Y=\mathrm{e}^{-2x}(C_1\cos x+C_2\sin x).$$

(2) 求原方程的一个特解 y^*.

因为 $P_m(x)=1$ 为零次多项式,因而可得原方程的一个特解为 $y^*=A$. 将 y^*, $(y^*)'=(y^*)''=0$ 代入原方程得 $5A=1,A=\dfrac{1}{5}$,故 $y^*=\dfrac{1}{5}$.

(3) 原方程的通解为

$$y=Y+y^*=\mathrm{e}^{-2x}(C_1\cos x+C_2\sin x)+\frac{1}{5}. \qquad ①$$

(4) 因为 $$y'=\mathrm{e}^{-2x}[(-2C_1+C_2)\cos x+(-2C_2-C_1)\sin x], \qquad ②$$

将初始条件 $y|_{x=0}=0,y'|_{x=0}=1$ 代入方程①和②,得方程组

$$\begin{cases}0=C_1+\dfrac{1}{5},\\1=-2C_1+C_2,\end{cases}\quad 解得\quad C_1=-\frac{1}{5},\quad C_2=\frac{3}{5}.$$

故原方程的一个特解为 $y=\mathrm{e}^{-2x}\left(-\dfrac{1}{5}\cos x+\dfrac{3}{5}\sin x\right)+\dfrac{1}{5}$.

例 3 求方程 $y''-5y'+6y=6x^2-10x+2$ 的通解.

解 所给方程是二阶常系数非齐次线性微分方程,先求对应齐次方程

$$y''-5y'+6y=0$$

的通解,其特征方程是 $r^2-5r+6=0$,特征根 $r_1=2,r_2=3$,故对应齐次方程的通解为

$$Y=C_1\mathrm{e}^{2x}+C_2\mathrm{e}^{3x}.$$

因为 $P_m(x)=6x^2-10x+2$ 是二次多项式,故所求方程有形如

$$y^*=Ax^2+Bx+C$$

的特解. 由于 $(y^*)'=2Ax+B,(y^*)''=2A$,将它们代入原方程中,得恒等式

$$6Ax^2+(6B-10A)x+2A-5B+6C=6x^2-10x+2.$$

比较上式两边 x 的同次幂的系数，可得

$$\begin{cases}6A=6,\\6B-10A=-10,\\2A-5B+6C=2.\end{cases}$$

解方程组得 $A=1,B=0,C=0$. 故所求方程的一个特解为

$$y^*=x^2.$$

于是，所求方程的通解为

$$y=Y+y^*=C_1\mathrm{e}^{2x}+C_2\mathrm{e}^{3x}+x^2.$$

练　习　7.3

1. 求下列微分方程的一个特解.

(1) $y''+y'=x$；　(2) $y''+y'+y=x+4$.

2. 求下列微分方程的通解.

(1) $2y''+y'-y=1$；　(2) $y''-y=4x^2$；

(3) $y''+5y'+4y=3-2x$；　(4) $y''-2y'=5x+2$.

3. 设微分方程 $y''+y'-2y=2x$ 满足初始条件 $y|_{x=0}=0,y'|_{x=0}=1$，求它的特解.

综合练习 7

一、填空题

1. 微分方程 $y^3\dfrac{\mathrm{d}^2y}{\mathrm{d}x^2}+\left(\dfrac{\mathrm{d}y}{\mathrm{d}x}\right)^3+1=0$ 为______阶微分方程.

2. 微分方程 $y'\sin x=y\ln y$ 满足初值条件 $y\left(\dfrac{\pi}{2}\right)=\mathrm{e}$ 的特解为______.

3. 方程 $y''+y=0$ 的通解为______.

4. 以 $y=C_1x\mathrm{e}^x+C_2\mathrm{e}^x$ 为通解的二阶常系数线性齐次微分方程为______.

5. 一曲线过点(1,2)，其上任意点 $P(x,y)$ 处的切线的纵截距等于点 $P(x,y)$ 的横坐标，则此曲线所满足的微分方程为______，初始条件为______，曲线方程为______.

二、选择题

1. 微分方程 $(x+y)\mathrm{d}y=(x-y)\mathrm{d}y$ 为(　　).

(A) 线性微分方程　(B) 可分离变量的微分方程

(C) 齐次方程　(D) 一阶非齐次线性方程

2. 微分方程 $y''=\cos x$ 的通解为(　　).

(A) $y=C_1\cos x+C_2$　(B) $y=C_1\cos x+C_2x$

(C) $y=\cos x+C_2x+C_2$　(D) $y=-\cos x+C_1x+C_2$

3. 方程 $xy'+(1+x)y=e^x$ 的通解为(　　).

(A) $y=C\frac{e^{-x}}{x}$　　(B) $y=\frac{e^x}{x}\left(\frac{1}{2}e^{2x}+C\right)$

(C) $y=\frac{e^{-x}}{x}\left(\frac{1}{2}e^{2x}+C\right)$　　(D) $y=\frac{e^{-x}}{x}(2e^{2x}+C)$

4. 方程 $\frac{dy}{dx}=y^2\cos x$ 的通解为(　　).

(A) $y=-\sin x+C$　　(B) $y=-\cos x+C$

(C) $y=\frac{1}{\cos x+C}$　　(D) $y=-\frac{1}{\sin x+C}$ 或 $y=0$

5. 方程 $\frac{dy}{dx}=y\tan x+\sec x$ 满足初始条件 $y|_{x=0}=0$ 的特解为(　　).

(A) $y=\frac{1}{\cos x}(C+x)$　　(B) $y=\frac{x}{\cos x}$

(C) $y=\frac{x}{\sin x}$　　(C) $y=\frac{1}{\cos x}(2+x)$

6. 方程 $y''-4y'+3y=0$ 满足初始条件 $y|_{x=0}=6, y'|_{x=0}=10$ 的特解为(　　).

(A) $y=3e^x+e^{3x}$　　(B) $y=2e^x+3e^{3x}$

(C) $y=4e^x+2e^{3x}$　　(D) $y=C_1e^x+C_2e^{3x}$

7. 方程 $y''-y'=e^x+1$ 的一个特解具有的形式为(　　).

(A) Ae^x+B　　(B) Axe^x+B　　(C) Ae^x+Bx　　(D) Axe^x+Bx

8. 一曲线在其任意一点处切线的斜率为 $-\frac{2x}{y}$，则曲线为(　　).

(A) 椭圆　　(B) 抛物线　　(C) 圆　　(D) 直线

三、计算题

1. 求下列微分方程的通解.

(1) $(xy^2+x)dx+(y-x^2y)dy=0$；　　(2) $\frac{dy}{dx}=\frac{xy}{1+x^2}$；

(3) $y''-2y'+y=e^x$；　　(4) $y''-5y'+6y=0$.

2. 已知 ^{32}P 的瞬时放射速度与它当时所具有的质子量成正比，且原有的质量为 m_0，半衰期(质量衰减一半所需时间)为 14.3 天，试求 ^{32}P 的放射规律(即剩余量与时间的关系).

3. 当机场跑道的长度不够时，经常使用减速伞作为飞机的减速装置. 减速伞的应用原理是：在飞机接触跑道开始着陆时，由飞机尾部张开减速伞，利用空气对伞的阻力来减少飞机的滑跑距离，通常情况下阻力与飞机的速度成正比，以保障飞机在较短的跑道上安全着陆. 请解决下列两个问题.

问题 1：一架重 4.5 t 的歼击机以 600 km/h 的速度开始着陆，在减速伞的作用下滑跑 500 m 后速度减为 100 km/h. 问减速伞的阻力系数是多少？

问题 2：对于重 9 t 的轰炸机以 700 km/h 的速度开始着陆，机场跑道为 1500 m，问轰炸机能否安全着陆？

*第 8 章　拉普拉斯变换及其应用

拉普拉斯变换是一种积分变换，是在求解常系数线性微分方程(方程组)中经常采用的一种较为简便的方法，它在无线电技术、分析和综合自动控制系统的运动过程及脉冲电路工作过程中有着广泛应用. 本章将扼要地介绍拉普拉斯变换的概念、主要性质、拉普拉斯变换及其一些应用举例.

8.1　拉普拉斯变换的概念

8.1.1　拉普拉斯变换的定义

案例　在计算通信卫星的覆盖面积 A 时，要用到公式

$$A=2\pi R^2\left(1-\frac{R}{R+h}\right)=2\pi R^2\cdot\frac{h}{R+h},$$

其中 R 为地球半径，$R=6.4\times10^6$ km，h 为卫星离地球的高度，$h=36\times10^6$ km，$\pi\approx3.14$，代入上式得

$$A=2\times3.14\times6400000^2\times\frac{36000000}{42400000}\ \mathrm{km}^2.$$

如果直接计算是较为复杂的，而在等式两边取对数得

$$\lg A=\lg 6.28+2\lg 6400000+(\lg 36-\lg 424),$$

然后用常用对数表和反对数表就可算出通信卫星的覆盖面积 A. 这是一种将复杂运算化为简单运算的做法，拉普拉斯变换也是一种化繁为简方法.

为了了解拉普拉斯变换是如何实现化繁为简的，不妨先来学习拉普拉斯变换的基本概念.

定义　该函数 $f(t)$ 是定义在区间$[0,+\infty)$上，若广义积分$\int_0^{+\infty}f(t)\mathrm{e}^{-st}\mathrm{d}t$收敛，则此积分就确定了一个参变量 s 的函数，记为 $F(s)$，即

$$F(s)=\int_0^{+\infty}f(t)\mathrm{e}^{-st}\mathrm{d}t. \qquad ①$$

称式 ① 为函数 $f(t)$ 的拉普拉斯变换式，记为 $\mathscr{L}[f(t)]$，即

$$\mathscr{L}[f(t)]=\int_0^{+\infty}f(t)\mathrm{e}^{-st}\mathrm{d}t=F(s). \qquad ②$$

$F(s)$ 称为 $f(t)$ 的拉普拉斯变换(或象函数)，而称 $f(t)$ 是 $F(s)$ 的拉普拉斯逆变换(或象原函数)，记为

$$f(t)=\mathscr{L}^{-1}[F(s)].$$

下面要说明三点,希望引起注意.

(1) 在定义中,只要求函数 $f(t)$ 当 $t\geqslant 0$ 时有定义,为方便起见,以后总假定当 $t<0$ 时,$f(t)=0$. 这种假定是符合实际情况的. 在一个物理过程中,研究过程一般总是从时间 $t=0$ 开始的,当 $t<0$ 时,过程还未发生,所以表示过程的函数取零值.

(2) 拉普拉斯变换是一种积分变换,它把原来函数 $f(t)$ 乘以 e^{-st} 再对 t 进行积分,其结果变成了复变数 s 的函数 $F(s)$,一般说来,在工程技术上所遇到的函数,它的拉普拉斯变换总是存在的.

(3) 象函数是复数 s 的复函数,$s=\alpha+\beta i$,由于

$$|e^{-st}|=|e^{-\alpha t}\cdot e^{-\beta it}|=e^{-\alpha t},$$

故对 s 实部 α 的某些值,只要使得

$$\lim_{t\to+\infty}|f(t)|e^{-\alpha t}=0,$$

则 $F(s)$ 必然存在. 所以为简单起见,不妨将 s 以实数来对待,这样做不影响一个函数 $f(t)$ 求拉普拉斯变换的结果.

8.1.2 几种常见信号的拉普拉斯变换

1. 单位脉冲信号 $\delta(t)$

δ- 函数在工程技术中常被称为单位脉冲函数. 它是一个广义函数,没有通常意义下的“函数值”,因此,不能用“值的对应关系”来定义. 工程上通常将它定义为一个函数序列的极限,如将 δ- 函数定义为

$$\delta_\varepsilon(t)=\begin{cases}0, & t<0,\\ 1/\varepsilon, & 0\leqslant t\leqslant\varepsilon,\\ 0, & t>\varepsilon\end{cases}$$

当 $\varepsilon\to 0^+$ 时的极限,即

$$\delta(t)=\lim_{\varepsilon\to 0^+}\delta_\varepsilon(t).$$

根据拉普拉斯变换的定义,即可推出 $\delta(t)$ 函数的拉普拉斯变换为

$$\begin{aligned}\mathscr{L}[\delta(t)]&=\int_0^{+\infty}\delta(t)e^{-st}\,dt=\int_0^{\varepsilon}\delta(t)e^{-st}\,dt+\int_\varepsilon^{+\infty}\delta(t)e^{-st}\,dt=\int_0^{\varepsilon}\left(\lim_{\varepsilon\to 0}\frac{1}{\varepsilon}\right)e^{-st}\,dt\\&=\lim_{\varepsilon\to 0}\int_0^{\varepsilon}\frac{1}{\varepsilon}e^{-st}\,dt=\lim_{\varepsilon\to 0}\frac{1}{\varepsilon}\left(-\frac{e^{-st}}{s}\right)\Bigg|_0^{\varepsilon}=\frac{1}{s}\lim_{\varepsilon\to 0}\frac{1-e^{-s\varepsilon}}{\varepsilon}=\frac{s}{s}=1.\end{aligned}$$

2. 单位阶跃信号 $u(t)$

分段函数
$$f(t)=\begin{cases}0, & t<0\\ a, & t\geqslant 0\end{cases}\quad(a\neq 0)$$

称为阶跃函数,其中 $a\neq 0$. 当 $a=1$ 时,$f(t)$称为单位阶跃函数(工程上常称为单位阶跃信号),记为 $u(t)$,即

$$u(t)=\begin{cases}0, & t<0,\\ 1, & t\geqslant 0.\end{cases}$$

由定义可以推出单位阶跃函数的拉普拉斯变换为

$$\mathscr{L}[u(t)]=\int_0^{+\infty}u(t)\mathrm{e}^{-st}\mathrm{d}t=\int_0^{+\infty}1\cdot\mathrm{e}^{-st}\mathrm{d}t=\left(-\frac{\mathrm{e}^{-st}}{s}\right)\Big|_0^{+\infty}=\frac{1}{s}\quad(s>0).$$

3. 指数衰减信号 e^{-at}

由定义不难得到指数衰减信号 e^{-at} 的拉普拉斯变换为

$$\mathscr{L}[\mathrm{e}^{-at}]=\int_0^{+\infty}\mathrm{e}^{-at}\cdot\mathrm{e}^{-st}\mathrm{d}t=\int_0^{+\infty}\mathrm{e}^{-(s+a)t}\mathrm{d}t=\left(-\frac{\mathrm{e}^{-(s+a)t}}{s+a}\right)\Big|_0^{+\infty}=\frac{1}{s+a}\quad(s>0).$$

同理，可以得到指数增长信号 e^{at} 的拉普拉斯变换为

$$\mathscr{L}[\mathrm{e}^{at}]=\frac{1}{s-a}\quad(s>0).$$

4. 斜坡函数的拉普拉斯变换

由定义可以推出斜坡函数 $f(t)=t$ 的拉普拉斯变换为

$$\begin{aligned}\mathscr{L}[t]&=\int_0^{+\infty}t\mathrm{e}^{-st}\mathrm{d}t=-\frac{1}{s}(t\mathrm{e}^{-st})\Big|_0^{+\infty}+\frac{1}{s}\int_0^{+\infty}\mathrm{e}^{-st}\mathrm{d}t\\&=\frac{1}{s}\left(-\frac{\mathrm{e}^{-st}}{s}\right)\Big|_0^{+\infty}=\frac{1}{s^2}\quad(s>0).\end{aligned}$$

5. 三角正弦信号 $\sin\omega t$

由定义可以推出正弦函数 $f(t)=\sin\omega t$ 的拉普拉斯变换为

$$\begin{aligned}\mathscr{L}[\sin\omega t]&=\int_0^{+\infty}\sin\omega t\cdot\mathrm{e}^{-st}\mathrm{d}t=\left[-\frac{\mathrm{e}^{-st}(s\sin\omega t+\omega\cos\omega t)}{s^2+\omega^2}\right]\Big|_0^{+\infty}\\&=\frac{\omega}{s^2+\omega^2}\quad(s>0).\end{aligned}$$

同理，可以推出余弦函数 $f(t)=\cos\omega t$ 的拉普拉斯变换为

$$\mathscr{L}[\cos\omega t]=\frac{s}{s^2+\omega^2}\quad(s>0).$$

8.1.3　拉普拉斯变换简表

在求较简单函数的拉普拉斯变换的过程中，为了方便查公式，将常用函数的拉普拉斯变换列为一个简表(见表 8-1).

表 8-1 中的前 8 个公式要求熟记，后面公式备查，利用表 8-1 可以求一些较简单函数的拉普拉斯变换.

用表 8-1 求函数的拉普拉斯变换，就是将所求拉普拉斯变换的象原函数与 $f(t)$ 栏中函数式对照，找出常数 a，ω 和 n，然后将这些常数值代入 $F(s)$ 栏中的象函数式，即得到所要求的函数的拉普拉斯变换.

例 1　求指数函数 $f(t)=\mathrm{e}^{2t}$ 的拉普拉斯变换.

解　对照表 8-1 中变换 6 的函数式，得 $a=2$；将 $a=2$ 代入象函数式，得

表 8-1

序号	$f(t)$	$F(s)$	序号	$f(t)$	$F(s)$
1	$\delta(t)$	1	11	$e^{at}t$	$\frac{1}{(s-a)^2}$
2	$u(t),1$	$\frac{1}{s}$	12	$e^{at}t^2$	$\frac{2}{(s-a)^3}$
3	t	$\frac{1}{s^2}$	13	$e^{at}t^n$	$\frac{n!}{(s-a)^{n+1}}$
4	t^2	$\frac{2}{s^3}$	14	$e^{at}\sin\omega t$	$\frac{\omega}{(s-a)^2+\omega^2}$
5	t^n	$\frac{n!}{s^{n+1}}$	15	$e^{at}\cos\omega t$	$\frac{s-a}{(s-a)^2+\omega^2}$
6	e^{at}	$\frac{1}{s-a}$	16	$e^{at}\,\mathrm{sh}\omega t$	$\frac{\omega}{(s-a)^2-\omega^2}$
7	$\sin\omega t$	$\frac{\omega}{s^2+\omega^2}$	17	$e^{at}\,\mathrm{ch}\omega t$	$\frac{s-a}{(s-a)^2-\omega^2}$
8	$\cos\omega t$	$\frac{s}{s^2+\omega^2}$	18	$t\sin\omega t$	$\frac{2\omega s}{(s^2+\omega^2)^2}$
9	$\mathrm{sh}\omega t$	$\frac{\omega}{s^2-\omega^2}$	19	$t\cos\omega t$	$\frac{s^2-\omega^2}{(s^2+\omega^2)^2}$
10	$\mathrm{ch}\omega t$	$\frac{s}{s^2-\omega^2}$	20	$e^{at}-e^{bt}$	$\frac{a-b}{(s-a)(s-b)}$

$$F(s)=\mathscr{L}[e^{2t}]=\frac{1}{s-2}.$$

例 2 求三角函数 $f(t)=\sin\frac{1}{2}t$ 的拉普拉斯变换.

解 对照表 8-1 中变换 7 的函数式,得 $\omega=1/2$;将 $\omega=1/2$ 代入象函数式,得

$$F(s)=\mathscr{L}[\sin\frac{1}{2}t]=\frac{1/2}{s^2+(1/2)^2}=\frac{2}{4s^2+1}.$$

练 习 8.1

1. 利用表 8-1,求下列函数的拉普拉斯变换.

(1) $f(t)=e^{-2t}$;　(2) $f(t)=\cos\frac{1}{2}t$;　(3) $f(t)=\mathrm{ch}5t$;

(4) $f(t)=t^4$;　(5) $f(t)=e^{3t}$;　(6) $f(t)=2\sin t\cos t$.

2. 若 $\mathscr{L}[f(t)]=F(s)$,利用定义证明:对于常数 a,有

$$\mathscr{L}[f(at)]=\frac{1}{a}F\left(\frac{s}{a}\right)\quad(a\neq0).$$

8.2　拉普拉斯变换的性质

拉普拉斯变换有以下一些性质，利用这些性质，结合拉普拉斯变换简表，就可以求一些较复杂函数的拉普拉斯变换.

案例　用定义可求出单位阶跃函数 $u(t)=\begin{cases}0, & t<0,\\ 1, & t\geqslant 0\end{cases}$ 的拉普拉斯变换，但如何求出 $u(t-a)=\begin{cases}0, & t<a,\\ 1, & t\geqslant a\end{cases}$ 的拉普拉斯变换呢？在通信、自动化技术等方面经常要求拉普拉斯变换 $\mathscr{L}[t\sin\omega t]$，$\mathscr{L}\left[\dfrac{1}{t}\sin\omega t\right]$. 如何求呢？这就需要学习拉普拉斯变换的性质.

8.2.1　线性性质

若 α,β 是常数，$\mathscr{L}[f_1(t)]=F_1(s)$，$\mathscr{L}[f_2(t)]=F_2(s)$，则

$$\mathscr{L}[\alpha f_1(t)+\beta f_2(t)]=\alpha\mathscr{L}[f_1(t)]+\beta\mathscr{L}[f_2(t)]=\alpha F_1(s)+\beta F_2(s).$$

此性质利用拉普拉斯变换的定义和积分的性质很容易证得，证明过程留给读者自己完成.

例 1　求函数 $f(t)=\dfrac{1}{a}(1-\mathrm{e}^{-at})$ 的拉普拉斯变换.

解　$$F(s)=\mathscr{L}[f(t)]=\frac{1}{a}\mathscr{L}[1-\mathrm{e}^{-at}]=\frac{1}{a}\{\mathscr{L}[1]-\mathscr{L}[\mathrm{e}^{-at}]\}$$

$$=\frac{1}{a}\left(\frac{1}{s}-\frac{1}{s+a}\right)=\frac{1}{s(s+1)}.$$

8.2.2　位移性质

1. 延时特性

若 $\mathscr{L}[f(t)]=F(s)$，则 $\mathscr{L}[f(t-t_0)]=\mathrm{e}^{-st_0}F(s)\quad(t_0>0)$.

证　$$\mathscr{L}[f(t-t_0)]=\int_0^{+\infty}f(t-t_0)\mathrm{e}^{-st}\,\mathrm{d}t=\int_{t_0}^{+\infty}f(t-t_0)\mathrm{e}^{-st}\,\mathrm{d}t.$$

令 $t-t_0=x$，则 $t=x+t_0$，$\mathrm{d}t=\mathrm{d}x$，上式改写为

$$\mathscr{L}[f(t-t_0)]=\int_0^{+\infty}f(x)\mathrm{e}^{-s(x+t_0)}\,\mathrm{d}x=\mathrm{e}^{-st_0}\int_0^{+\infty}f(x)\mathrm{e}^{-sx}\,\mathrm{d}x=\mathrm{e}^{-st_0}F(s).$$

这个性质表明，从图形上讲，象函数 $F(s)$ 乘以 e^{-st_0} 的拉普拉斯逆变换等于其象原函数 $f(t)$ 的图形沿 t 轴向右平移 t_0 个单位，而 $f(t-t_0)$ 表示函数 $f(t)$ 在时间上延滞 t_0 的函数，所以将这个性质称为延时特性，也常称为延滞性质.

例 2　求下列函数的拉普拉斯变换.

(1) $f_1(t)=(t-t_0)u(t)$；　　(2) $f_2(t)=(t-t_0)u(t-t_0)$；

(3) $f_3(t)=tu(t-t_0)$.

解 (1) $F_1(s)=\mathscr{L}[f_1(t)]=\mathscr{L}[(t-t_0)u(t)]$

$$=\mathscr{L}[tu(t)]-\mathscr{L}[t_0u(t)]=\frac{1}{s^2}-\frac{t_0}{s}.$$

(2) $F_2(s)=\mathscr{L}[f_2(t)]=\mathscr{L}[tu(t)]\mathrm{e}^{-st_0}=\frac{1}{s^2}\mathrm{e}^{-st_0}$.

(3) $F_3(s)=\mathscr{L}[f(t)]=\mathscr{L}[tu(t-t_0)]=\mathscr{L}[(t-t_0)u(t-t_0)+t_0u(t-t_0)]$

$$=\mathscr{L}[(t-t_0)u(t-t_0)]+t_0\mathscr{L}[u(t-t_0)]$$

$$=\mathscr{L}[tu(t)]\cdot\mathrm{e}^{-st_0}+t_0\mathscr{L}[u(t)]\cdot\mathrm{e}^{-st_0}=\frac{1}{s^2}\mathrm{e}^{-st_0}+\frac{t_0}{s}\mathrm{e}^{-st_0}.$$

2. 频移特性

若 $\mathscr{L}[f(t)]=F(s)$,则

$$\mathscr{L}[\mathrm{e}^{\pm s_0t}f(t)]=F(s\mp s_0).$$

以 $\mathscr{L}[\mathrm{e}^{s_0t}f(t)]=F(s-s_0)$ 为例来证明.

证 $\mathscr{L}[\mathrm{e}^{s_0t}f(t)]=\int_0^{+\infty}\mathrm{e}^{s_0t}f(t)\mathrm{e}^{-st}\mathrm{d}t=\int_0^{+\infty}f(t)\mathrm{e}^{-(s-s_0)t}\mathrm{d}t=F(s-s_0)$.

这个性质表明,从图形上讲,象原函数 $f(t)$乘以 $\mathrm{e}^{\pm s_0t}$的拉普拉斯变换等于其象函数 $F(s)$的图形位移 $|s_0|$个单位,因此这个性质称为位移性质,也常称为频移特性.

例 3 求 $f(t)=\mathrm{e}^{at}\sin\omega t$ 的拉普拉斯变换.

解 因为 $\mathscr{L}[\sin\omega t]=\frac{\omega}{s^2+\omega^2}$,所以由频移特性知

$$F(s)=\mathscr{L}[f(t)]=\mathscr{L}[\mathrm{e}^{at}\sin\omega t]=\frac{\omega}{(s-a)^2+\omega^2}.$$

同样,可求得 $$\mathscr{L}[\mathrm{e}^{at}\cos\omega t]=\frac{s-a}{(s-a)^2+\omega^2}.$$

在利用位移性质求函数 $f(t)$的拉普拉斯变换时,需要将函数 $f(t)$用单位阶跃函数合成一个式子.

例 4 利用单位阶跃函数 $u(t)$,将函数

$$f(t)=\begin{cases}d, & 0\leqslant t<b,\\ 2d, & b\leqslant t<3b,\\ 0, & t\geqslant 3b\end{cases}$$

合写成一个式子.

解 $f(t)=du(t)+(2d-d)u(t-b)+(0-2d)u(t-3b)$

$$=du(t)+du(t-b)-2du(t-3b).$$

例 5 求如图 8-1 所示的阶跃函数 $f(t)$的拉普拉斯变换.

解 阶跃函数 $f(t)$可表示为

$$f(t)=\begin{cases} c, & 0\leqslant t<a, \\ 2c, & a\leqslant t<2a, \\ 3c, & 2a\leqslant t<3a, \\ 4c, & 3a\leqslant t<4a, \\ \vdots & \vdots \end{cases}$$

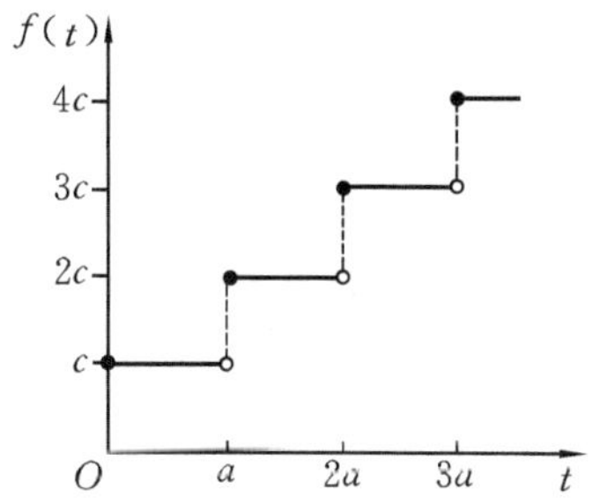

图 8-1

用单位阶跃函数将 $f(t)$ 合写成一个式子为

$$\begin{aligned} f(t)&=cu(t)+(2c-c)u(t-a)+(3c-2c)u(t-2a) \\ &\quad+(4c-3c)u(t-3a)+\cdots \\ &=cu(t)+cu(t-a)+cu(t-2a)+cu(t-3a)+\cdots \\ &=c[u(t)+u(t-a)+u(t-2a)+u(t-3a)+\cdots]. \end{aligned}$$

由拉普拉斯变换的线性性质和延时特性，有

$$\begin{aligned} F(s)&=\mathscr{L}[f(t)] \\ &=c\{\mathscr{L}[u(t)]+\mathscr{L}[u(t-a)]+\mathscr{L}[u(t-2a)]+\mathscr{L}[u(t-3a)]+\cdots\} \\ &=c\left(\frac{1}{s}+\frac{1}{s}e^{-as}+\frac{1}{s}e^{-2as}+\frac{1}{s}e^{-3as}+\cdots\right) \\ &=\frac{c}{s}(1+e^{-as}+e^{-2as}+e^{-3as}+\cdots)=\frac{c}{s}\cdot\frac{1}{1-e^{-as}} \quad (s>0). \end{aligned}$$

8.2.3　微分性质

1. 对象原函数微分的性质

若 $\mathscr{L}[f(t)]=F(s)$，则

$$\mathscr{L}[f'(t)]=sF(s)-f(0).$$

证　由拉普拉斯变换的定义知

$$\begin{aligned} \mathscr{L}[f'(t)]&=\int_0^{+\infty} f'(t)e^{-st}\,dt=\int_0^{+\infty} e^{-st}\,df(t)=[f(t)e^{-st}]_0^{+\infty}-\int_0^{+\infty} f(t)(-s)e^{-st}\,dt \\ &=sF(s)-f(0). \end{aligned}$$

有时，这个性质也写成

$$\mathscr{L}[f'(t)]=s\mathscr{L}[f(t)]-f(0),$$

不难得到

$$\mathscr{L}[f''(t)]=s^2F(s)-sf(0)-f'(0),$$

推广到 n 阶导数的情形，即

$$\mathscr{L}[f^{(n)}(t)]=s^nF(s)-s^{n-1}f(0)-s^{n-2}f'(0)-\cdots-f^{(n-1)}(0).$$

2. 对象函数微分的性质

若 $\mathscr{L}[f(t)]=F(s)$，则

$$\mathscr{L}[tf(t)]=-F'(s), \quad \mathscr{L}[t^nf(t)]=(-1)^nF^{(n)}(s).$$ （证明从略）

例 6　求 $\mathscr{L}[t\cos\omega t]$.

解　因为 $\mathscr{L}[\cos\omega t]=\dfrac{s}{s^2+\omega^2}$，所以由微分性质，得

$$\mathscr{L}[t\cos\omega t]=-\left(\frac{s}{s^2+\omega^2}\right)'=-\frac{s^2+\omega^2-s\cdot 2s}{(s^2+\omega^2)^2}=\frac{s^2-\omega^2}{(s^2+\omega^2)^2}.$$

8.2.4 积分性质

1. 对象原函数积分的性质

若 $\mathscr{L}[f(t)]=F(s)$,则

$$\mathscr{L}\left[\int_0^t f(t)\mathrm{d}t\right]=\frac{F(s)}{s}.$$

证 设 $\Phi(t)=\int_0^t f(t)\mathrm{d}t$,则 $\Phi'(t)=f(t)$,且 $\Phi(0)=0$. 由微分性质,有

$$\mathscr{L}[\Phi'(t)]=s\mathscr{L}[\Phi(t)]-\Phi(0)=s\mathscr{L}\left[\int_0^t f(t)\mathrm{d}t\right],$$

而

$$\mathscr{L}[\Phi'(t)]=\mathscr{L}[f(t)]=F(s).$$

所以

$$s\mathscr{L}\left[\int_0^t f(t)\mathrm{d}t\right]=F(s),\quad 即\quad \mathscr{L}\left[\int_0^t f(t)\mathrm{d}t\right]=\frac{F(s)}{s}.$$

2. 对象函数积分的性质

若 $\mathscr{L}[f(t)]=F(s)$,则

$$\mathscr{L}\left[\frac{1}{t}f(t)\right]=\int_s^{+\infty}F(s)\mathrm{d}s.\quad(证明从略)$$

例 7 求 $\mathscr{L}[t],\mathscr{L}[t^2],\cdots,\mathscr{L}[t^n]$ (n 是自然数).

解 因为

$$t=\int_0^t \mathrm{d}t,\ t^2=\int_0^t 2t\mathrm{d}t,\ t^3=\int_0^t 3t^2\mathrm{d}t,\ \cdots,\ t^n=\int_0^t nt^{n-1}\mathrm{d}t,$$

所以由积分性质,有

$$\mathscr{L}[t]=\mathscr{L}\left[\int_0^t \mathrm{d}t\right]=\frac{\mathscr{L}[1]}{s}=\frac{1}{s^2},$$

$$\mathscr{L}[t^2]=\mathscr{L}\left[\int_0^t 2t\mathrm{d}t\right]=\frac{2\mathscr{L}[t]}{s}=\frac{2}{s^3}=\frac{2!}{s^3},$$

$$\mathscr{L}[t^3]=\mathscr{L}\left[\int_0^t 3t^2\mathrm{d}t\right]=\frac{3\mathscr{L}[t^2]}{s}=\frac{3!}{s^4},$$

$$\vdots$$

$$\mathscr{L}[t^n]=\mathscr{L}\left[\int_0^t nt^{n-1}\mathrm{d}t\right]=\frac{n\mathscr{L}[t^{n-1}]}{s}=\frac{n!}{s^{n+1}}.$$

例 8 求 $\mathscr{L}\left[\frac{\sin\omega t}{t}\right]$.

解 因为 $\mathscr{L}[\sin\omega t]=\frac{\omega}{s^2+\omega^2}$,所以由积分性质,有

$$\mathscr{L}\left[\frac{1}{t}\sin\omega t\right]=\int_s^{+\infty}\frac{\omega}{s^2+\omega^2}\mathrm{d}s=\left(\arctan\frac{s}{\omega}\right)\Big|_s^{+\infty}=\frac{\pi}{2}-\arctan\frac{s}{\omega}=\arctan\frac{\omega}{s}.$$

练　习　8.2

1. 求下列函数的拉普拉斯变换.

(1) $f(t)=3e^{-4t}$；　　(2) $f(t)=t^2+5t-3$；

(3) $f(t)=\cos(\pi/3+2t)$；　　(4) $f(t)=\sin 2t\cos 2t$；

(5) $f(t)=\sin^2 t$；　　(6) $f(t)=e^{3t}\sin 4t$；

(7) $f(t)=1+te^t$；　　(8) $f(t)=t\sin\omega t$；

(9) $f(t)=\frac{1}{t}(e^{bt}-e^{at})$；　　(10) $f(t)=\frac{2}{t}\mathrm{sh}at$；

(11) $f(t)=\begin{cases}-1, & 0\leqslant t<4,\\ 1, & t\geqslant 4;\end{cases}$　　(12) $f(t)=\begin{cases}E\ (E\neq 0), & 0\leqslant t<t_0,\\ 0, & t\geqslant t_0.\end{cases}$

2. 已知 $f(t)=\begin{cases}3, & 0\leqslant t<2,\\ -1, & 2\leqslant t<4,\\ 0, & t\geqslant 4,\end{cases}$ 试用拉普拉斯变换的定义和用单位阶跃函数将 $f(t)$ 合写成一个式子这两种方法求 $f(t)$ 的拉普拉斯变换.

8.3　拉普拉斯逆变换

以上主要讨论了由已知函数 $f(t)$ 求它的象函数 $F(s)$ 的问题,但在实际中常会碰到已知象函数 $F(s)$ 反过来求其象原函数 $f(t)$ 的情况. 下面讨论这个问题.

案例　二阶常系数齐次线性微分方程 $y''-4y'+3y=0$ 可化为代数方程 $r^2-4r+3=0$ 来解,这个代数方程的特征根为 $r_1=-1, r_2=-3$. 所以微分方程的通解为 $y=c_1e^{-t}+c_2e^{-3t}$. 那么在电子、通信和自动化中也经常遇到解一类常系数线性微分方程的初值问题,利用拉普拉斯变换将微分方程化为代数方程来解. 在解这类方程时,常常要用拉普拉斯逆变换进行转换. 下面就来介绍拉普拉斯逆变换.

8.1 节已讲述了拉普拉斯逆变换的定义,拉普拉斯逆变换具有与拉普拉斯变换类似的性质.

(1) 线性性质　若 $\mathscr{L}^{-1}[F_1(s)]=f_1(t)$, $\mathscr{L}^{-1}[F_2(s)]=f_2(t)$, 且 α,β 为常数,则 $\mathscr{L}^{-1}[\alpha F_1(s)+\beta F_2(s)]=\alpha\mathscr{L}^{-1}[F_1(s)]+\beta\mathscr{L}^{-1}[F_2(s)]=\alpha f_1(t)+\beta f_2(t)$.

(2) 位移性质

$$\mathscr{L}^{-1}[e^{-t_0 s}F(s)]=f(t-t_0)\ (t_0>0),$$

$$\mathscr{L}^{-1}[F(s-s_0)]=e^{s_0 t}f(t)\ (s_0\ \text{为常数}).$$

8.3.1　简单象函数的拉普拉斯逆变换

例 1　求下列象函数的拉普拉斯逆变换.

(1) $F(s)=\dfrac{1}{s+2}$；　　(2) $F(s)=\dfrac{1}{(s+2)^2}$；

(3) $F(s)=\dfrac{3s+5}{s^2}$；　　(4) $F(s)=\dfrac{4s-3}{s^2+4}$.

解 (1) 由表 8-1 中的变换 6 知 $a=-2$,所以

$$f(t)=\mathscr{L}^{-1}\left[\frac{1}{s+2}\right]=\mathrm{e}^{-2t}.$$

(2) 由表 8-1 中的变换 11 知 $a=-2$,所以

$$f(t)=\mathscr{L}^{-1}\left[\frac{1}{(s+2)^2}\right]=t\mathrm{e}^{-2t}.$$

(3) 由 $F(s)=\dfrac{3}{s}+\dfrac{5}{s^2}$,再根据线性性质,并结合查表 8-1,得

$$f(t)=\mathscr{L}^{-1}\left[\frac{3}{s}+\frac{5}{s^2}\right]=3\mathscr{L}^{-1}\left[\frac{1}{s}\right]+5\mathscr{L}^{-1}\left[\frac{1}{s^2}\right]=3+5t.$$

(4) 由 $F(s)=\dfrac{4s}{s^2+4}-\dfrac{3}{2}\cdot\dfrac{2}{s^2+4}$,再根据线性性质,并结合查表 8-1,得

$$f(t)=\mathscr{L}^{-1}\left[\frac{4s-3}{s^2+4}\right]=4\mathscr{L}^{-1}\left[\frac{s}{s^2+4}\right]-\frac{3}{2}\mathscr{L}^{-1}\left[\frac{2}{s^2+4}\right]=4\cos2t-\frac{3}{2}\sin2t.$$

从上面的例子可以看出,对于比较简单的象函数,其拉普拉斯逆变换可以直接利用性质和通过查表求得,或经过简单的变形,然后查表求得. 但有些稍微复杂的象函数的拉普拉斯逆变换,需要经过较为复杂的变形,再巧妙地利用性质,结合查表而求得. 下面再举两个例子：

例 2 求 $F(s)=\dfrac{s+3}{s^2+2s+2}$的拉普拉斯逆变换.

解
$$\begin{aligned}f(t)&=\mathscr{L}^{-1}\left[\frac{s+3}{s^2+2s+2}\right]=\mathscr{L}^{-1}\left[\frac{(s+1)+2}{(s+1)^2+1}\right]\\&=\mathscr{L}^{-1}\left[\frac{s+1}{(s+1)^2+1}\right]+2\mathscr{L}^{-1}\left[\frac{1}{(s+1)^2+1}\right]\\&=\mathrm{e}^{-t}\cos t+2\mathrm{e}^{-t}\sin t.\end{aligned}$$

例 3 求 $F(s)=\dfrac{2s-5}{s^2-5s+6}$的拉普拉斯逆变换.

解 因为
$$F(s)=\frac{2s-5}{s^2-5s+6}=\frac{(s-2)+(s-3)}{(s-2)(s-3)}=\frac{1}{s-3}+\frac{1}{s-2},$$

所以
$$f(t)=\mathscr{L}^{-1}\left[\frac{2s-5}{s^2+5s+6}\right]=\mathscr{L}^{-1}\left[\frac{1}{s-3}\right]+\mathscr{L}^{-1}\left[\frac{1}{s-2}\right]=\mathrm{e}^{3t}+\mathrm{e}^{2t}.$$

8.3.2 较复杂象函数的拉普拉斯逆变换

一般说来,在实际问题中所见到的象函数 $F(s)$是一个关于 s 的有理分式,例如,

$$F(s)=\frac{P(s)}{Q(s)}=\frac{a_0 s^m+a_1 s^{m-1}+\cdots+a_{m-1}s+a_m}{b_0 s^n+b_1 s^{n-1}+\cdots+b_{n-1}s+b_n}.$$

在大多数情况下，象函数分子的指数比分母的指数小，即 $m<n$. 若 $m=n$，则可将象函数化为一个常数加上真分式. 最后将真分式利用部分分式法分解为几个简单真分式的代数和，然后利用性质和查表求得象函数 $F(s)$ 的拉普拉斯逆变换.

将象函数 $F(s)$ 的真分式化为几个简单分式之和的方法称为部分分式法. 下面分三种情形讨论.

1. $Q(s)=0$ 的根为不相等的实根

例 4 求 $F(s)=\dfrac{s}{s^2+3s+2}$ 的拉普拉斯逆变换.

解 设 $\dfrac{s}{s^2+3s+2}=\dfrac{s}{(s+1)(s+2)}=\dfrac{A}{s+1}+\dfrac{B}{s+2}$ 去分母，得

$$s=A(s+2)+B(s+1).$$

令 $s=-1$，得

$$-1=A(-1+2)\Rightarrow A=-1;$$

再令 $s=-2$，得

$$-2=B(-2+1)\Rightarrow B=2.$$

于是

$$F(s)=\frac{-1}{s+1}+\frac{2}{s+2}=\frac{2}{s+2}-\frac{1}{s+1},$$

所以

$$f(t)=\mathscr{L}^{-1}[F(s)]=\mathscr{L}^{-1}\left[\frac{s}{s^2+3s+2}\right]=\mathscr{L}^{-1}\left[\frac{2}{s+2}\right]-\mathscr{L}^{-1}\left[\frac{1}{s+1}\right]$$
$$=2e^{-2t}-e^{-t}.$$

例 5 求 $F(s)=\dfrac{2s^2+6s+6}{s^2+3s+2}$ 的拉普拉斯逆变换.

解 $F(s)$ 可化为

$$F(s)=2+\frac{2}{s^2+3s+2}=2+2\,\frac{(s+2)-(s+1)}{(s+1)(s+2)}=2+\frac{2}{s+1}-\frac{2}{s+2},$$

所以

$$f(t)=\mathscr{L}^{-1}\left[\frac{2s^2+6s+6}{s^2+3s+2}\right]=2\mathscr{L}^{-1}[1]+2\mathscr{L}^{-1}\left[\frac{1}{s+1}\right]-2\mathscr{L}^{-1}\left[\frac{1}{s+2}\right]$$
$$=2\delta(t)+2e^{-t}-2e^{-2t}.$$

2. $Q(s)=0$ 有重根

例 6 求 $F(s)=\dfrac{s+3}{s(s+2)^2}$ 的拉普拉斯逆变换.

解 设

$$\frac{s+3}{s(s+2)^2}=\frac{A}{s}+\frac{B}{s+2}+\frac{C}{(s+2)^2},$$

去分母，得

$$s+3=A(s+2)^2+Bs(s+2)+Cs.$$

令 $s=-2$,得

$$-2+3=C\cdot(-2)\Rightarrow C=-1/2;$$

令 $s=0$,得 $\qquad 3=A(0+2)^2\ \Rightarrow A=3/4.$

再比较平方项系数,得

$$A+B=0\ \Rightarrow B=-\frac{3}{4},$$

于是 $\qquad F(s)=\frac{s+3}{s(s+2)^2}=\frac{3/4}{s}-\frac{3/4}{s+2}-\frac{1/2}{(s+2)^2},$

所以 $\quad f(t)=\mathscr{L}^{-1}\left[\frac{s+3}{s(s+2)^2}\right]=\frac{3}{4}\mathscr{L}^{-1}\left[\frac{1}{s}\right]-\frac{3}{4}\mathscr{L}\left[\frac{1}{s+2}\right]-\frac{1}{2}\mathscr{L}^{-1}\left[\frac{1}{(s+2)^2}\right]$

$$=\frac{1}{4}(3-3e^{-2t}-2te^{-2t}).$$

3. $Q(s)=0$ 有复根

例 7 求 $F(s)=\frac{s^2}{(s+2)(s^2+2s+2)}$ 的拉普拉斯逆变换.

解 设 $\qquad \frac{s^2}{(s+2)(s^2+2s+2)}=\frac{A}{s+2}+\frac{Bs+C}{s^2+2s+2},$

去分母,得

$$s^2=A(s^2+2s+2)+(s+2)(Bs+C).$$

令 $s=-2$,得

$$(-2)^2=A(4-4+2)\Rightarrow A=2.$$

比较平方项的系数,得 $\qquad A+B=1\ \Rightarrow B=-1,$

再比较常数项,得 $\qquad 2A+2C=0\ \Rightarrow C=-2.$

于是 $\qquad F(s)=\frac{s^2}{(s+2)(s^2+2s+2)}=\frac{2}{s+2}-\frac{s+2}{s^2+2s+1},$

所以

$$f(t)=\mathscr{L}^{-1}\left[\frac{s^2}{(s+2)(s^2+2s+2)}\right]=2\mathscr{L}^{-1}\left[\frac{1}{s+2}\right]-\mathscr{L}^{-1}\left[\frac{s+2}{s^2+2s+2}\right]$$

$$=2\mathscr{L}^{-1}\left[\frac{1}{s+2}\right]-\mathscr{L}^{-1}\left[\frac{s+1}{(s+1)^2+1}\right]-\mathscr{L}^{-1}\left[\frac{1}{(s+1)^2+1}\right]$$

$$=2e^{-2t}-e^{-t}\cos t-e^{-t}\sin t=2e^{-2t}-e^{-t}(\cos t+\sin t).$$

练 习 8.3

1. 求下列函数的拉普拉斯逆变换(a,b 为常数).

(1) $F(s)=\frac{1}{s^2+a^2}$; $\qquad$ (2) $F(s)=\frac{2s-a-b}{(s-a)(s-b)}$; $\qquad$ (3) $F(s)=\frac{s}{s+2}$;

(4) $F(s)=\frac{s+1}{s^2+4}$；　(5) $F(s)=\frac{1}{s^2(s^2+1)}$；　(6) $F(s)=\frac{5s+6}{s^2}$.

2. 求下列函数的拉普拉斯逆变换.

(1) $F(s)=\frac{s}{(s+3)(s+5)}$；　(2) $F(s)=\frac{1}{s(s+1)(s+2)}$；　(3) $F(s)=\frac{s^2+1}{s(s-1)^2}$；

(4) $F(s)=\frac{1}{s^3+4s^2+4s}$；　(5) $F(s)=\frac{4}{s^2+4s+20}$；　(6) $F(s)=\frac{s^2+2}{(s^2+10)(s^2+20)}$.

8.4　卷积和卷积定理

案例 1　卷积定理应用于信号系统分析，因为零状态响应

$$y(t)=f(t)*h(t),$$

取拉普拉斯变换，有

$$Y(s)=F(s)H(s).$$

案例 2　在求拉普拉斯逆变换时，有些象函数比较复杂，不容易用部分分式法求得. 例如，求 $F(s)=\frac{s^2}{(s^2+1)^2}$ 的拉普拉斯逆变换，将这个分式拆成几个分式的和不容易，这就需要使用新的方法，即利用卷积定理来求得.

下面要介绍的就是卷积的概念和卷积定理.

8.4.1　卷积的概念

若已知函数 $f_1(t)$，$f_2(t)$，称此两个函数的卷积为

$$f_1(t)*f_2(t)=\int_{-\infty}^{+\infty}f_1(\tau)f_2(t-\tau)\mathrm{d}\tau. \qquad ①$$

如果 $f_1(t)$ 与 $f_2(t)$ 都满足条件

$$f_1(t)=f_2(t)=0\ (t<0),$$

则式①可写为

$$\begin{aligned}f_1(t)*f_2(t)&=\int_{-\infty}^{0}f_1(\tau)f_2(t-\tau)\mathrm{d}\tau+\int_0^t f_1(\tau)f_2(t-\tau)\mathrm{d}\tau+\int_t^{+\infty}f_1(\tau)f(t-\tau)\mathrm{d}\tau\\&=\int_0^t f_1(\tau)f_2(t-\tau)\mathrm{d}\tau. \qquad ②\end{aligned}$$

式①称为卷积的定义式，而式②是用来计算卷积的公式.

卷积具有如下性质：

(1) 交换律　$f_1(t)*f_2(t)=f_2(t)*f_1(t)$；

(2) 分配律　$f_1(t)*[f_2(t)+f_3(t)]=f_1(t)*f_2(t)+f_1(t)*f_3(t)$；

(3) 结合律　$[f_1(t)*f_2(t)]*f_3(t)=f_1(t)*[f_2(t)*f_3(t)]$.

用卷积定义很容易证得以上性质. 下面利用定义计算卷积.

例 1　求函数 $f_1(t)=t$，$f_2(t)=\sin t$ 的卷积.

解 根据定义,有

$$t * \sin t = \int_0^t \tau\sin(t-\tau)\,d\tau = \int_0^t \tau\, d\cos(t-\tau)$$

$$= (\tau\cos(t-\tau))\Big|_0^t - \int_0^t \cos(t-\tau)\,d\tau = t + (\sin(t-\tau))\Big|_0^t$$

$$= t + (0 - \sin t) = t - \sin t.$$

8.4.2 卷积定理

定理(卷积定理) 假定 $f_1(t)$,$f_2(t)$满足拉普拉斯变换存在定理中的条件,且 $\mathscr{L}[f(t)]=F_1(s)$,$\mathscr{L}[f_2(t)]=F_2(s)$,则 $f_1(t) * f_2(t)$的拉普拉斯变换一定存在,且

$$\mathscr{L}[f_1(t) * f_2(t)] = F_1(s)\cdot F_2(s) \quad 或 \quad \mathscr{L}^{-1}[F_1(s)F_2(s)] = f_1(t) * f_2(t).$$

证 由拉普拉斯变换的定义,有

$$\mathscr{L}[f_1(t) * f_2(t)] = \int_0^{+\infty} [f_1(t) * f_2(t)]e^{-st}\,dt = \int_0^{+\infty}\left[\int_0^t f_1(\tau)f_2(t-\tau)\,d\tau\right]e^{-st}\,dt$$

$$= \int_0^{+\infty} f_1(\tau)\left[\int_\tau^{+\infty} f_2(t-\tau)e^{-st}\,dt\right]d\tau.$$

对积分$\int_\tau^{+\infty} f_2(t-\tau)e^{-st}\,dt$ 作变换 $t-\tau=u$,则

$$\int_\tau^{+\infty} f_2(t-\tau)e^{-st}\,dt = \int_0^{+\infty} f_2(u)e^{-(s+\tau)u}\,du = e^{-s\tau}F_2(s),$$

所以

$$\mathscr{L}[f_1(t) * f_2(t)] = \int_0^{+\infty} f_1(\tau)e^{-s\tau}F_2(s)\,d\tau = F_2(s)\int_0^{+\infty} f_1(\tau)e^{-s\tau}\,d\tau$$

$$= F_1(s)\cdot F_2(s).$$

上述定理表明,两个函数卷积的拉普拉斯变换等于这两个函数拉普拉斯变换的乘积,利用这个定理可以求一些函数的拉普拉斯逆变换.

例 2 求 $F(s)=\dfrac{1}{s^2(s^2+1)}$的拉普拉斯逆变换.

解 由 $F(s)=\dfrac{1}{s^2}\cdot\dfrac{1}{s^2+1}$,取

$$F_1(s)=\frac{1}{s^2},\quad F_2(s)=\frac{1}{s^2+1},$$

所以

$$f_1(t)=\mathscr{L}^{-1}[F_1(s)]=\mathscr{L}^{-1}\left[\frac{1}{s^2}\right]=t,$$

$$f_2(t)=\mathscr{L}^{-1}[F_2(s)]=\mathscr{L}^{-1}\left[\frac{1}{s^2+1}\right]=\sin t.$$

由卷积定理与例 1 的结论,有

$$\mathscr{L}^{-1}[F(s)]=f_1(t) * f_2(t)=t * \sin t=t-\sin t.$$

例 3 求 $F(s)=\dfrac{s^2}{(s^2+1)^2}$的拉普拉斯逆变换.

此题是案例 2 中的一个问题，用部分分式拆项的方法解显然是较难的，但用卷积定理求解是十分方便的.

因为 $F(s)=\frac{s}{s^2+1}\cdot\frac{s}{s^2+1}$，所以

$$f(t)=\mathscr{L}^{-1}\left[\frac{s}{s^2+1}\cdot\frac{s}{s^2+1}\right]=\cos t*\cos t=\int_0^t\cos\tau\cdot\cos(t-\tau)\mathrm{d}\tau$$
$$=\frac{1}{2}\int_0^t[\cos t+\cos(2\tau-t)]\mathrm{d}\tau=\frac{1}{2}(\tau)\Big|_0^t\cos t+\frac{1}{4}(\sin(2\tau-t))\Big|_0^t$$
$$=\frac{1}{2}t\cos t+\frac{1}{4}[\sin t-\sin(-t)]=\frac{1}{2}(t\cos t+\sin t).$$

例 4　已知 $F(s)=\frac{1}{(s^2+4s+13)^2}$，求 $f(t)$.

解　因为 $F(s)=\frac{1}{(s^2+4s+13)^2}=\frac{1}{s^2+4s+13}\cdot\frac{1}{s^2+4s+13}$

$$=\frac{1}{9}\cdot\frac{3}{(s+2)^2+9}\cdot\frac{3}{(s+2)^2+9},$$

所以 $f(t)=\mathscr{L}^{-1}[F(s)]=\frac{1}{9}\mathscr{L}^{-1}\left[\frac{3}{(s+2)^2+9}\cdot\frac{3}{(s+2)^2+9}\right]$

$$=\frac{1}{9}(\mathrm{e}^{-2t}\sin 3t*\mathrm{e}^{-2t}\sin 3t)=\frac{1}{9}\int_0^t\mathrm{e}^{-2\tau}\sin 3\tau\cdot\mathrm{e}^{-2(t-\tau)}\sin 3(t-\tau)\mathrm{d}\tau$$
$$=\frac{1}{9}\mathrm{e}^{-2t}\int_0^t\sin 3\tau\cdot\sin 3(t-\tau)\mathrm{d}\tau=\frac{1}{9}\mathrm{e}^{-2t}\int_0^t\frac{1}{2}[\cos(6\tau-3t)-\cos 3t]\mathrm{d}\tau$$
$$=\frac{1}{18}\mathrm{e}^{-2t}\left(\frac{\sin(6\tau-3t)}{6}-\tau\cos 3t\right)\Big|_0^t=\frac{1}{54}\mathrm{e}^{-2t}(\sin 3t-3t\cos 3t).$$

练　习　8.4

1. 求下列两个函数的卷积.

(1) $t*t$；　(2) $t*\mathrm{e}^t$；　(3) $\sin t*\cos t$；

(4) $\mathrm{sh}at*\mathrm{sh}at$；　(5) $t*\cos t$；　(6) $t*\mathrm{sh}t$.

2. 利用卷积定理求下列函数的拉普拉斯逆变换.

(1) $F(s)=\frac{s}{(s^2+1)(s^2+4)}$；　(2) $F(s)=\frac{s+2}{(s^2+4s+5)^2}$.

3. 利用卷积定理证明：$\mathscr{L}\left[\int_0^t f(t)\mathrm{d}t\right]=\frac{F(s)}{s}$.

8.5　拉普拉斯变换的应用

对一个物理系统进行分析研究，首先要知道该系统的数学模型，简单地说，就是要将一个线性系统用一个数学式来表达，在很多场合，它的数学模型可以用一个线性

微分方程来描述,在信号系统、自动控制系统分析中常遇到要建立的数学模型——传递函数,这些都是拉普拉斯变换的重要应用.

8.5.1 解微分方程(组)

案例 1 求微分方程 $y'+2y=\mathrm{e}^{-t}$满足初始条件 $y|_{t=0}=2$ 的特解.

解一 这是一阶线性微分方程,可以用代入公式的方法求解.

因为 $P(t)=2, Q(t)=\mathrm{e}^{-t}$,所以通解为

$$y=\mathrm{e}^{-\int P(t)\mathrm{d}t}\left[\int Q(t)\mathrm{e}^{\int P(t)\mathrm{d}t}\mathrm{d}t+C\right]=\mathrm{e}^{-2t}\left[\int \mathrm{e}^{-t}\cdot \mathrm{e}^{2t}\mathrm{d}t+C\right]$$

$$=\mathrm{e}^{-2t}[\mathrm{e}^{t}+C]=\mathrm{e}^{-t}+C\mathrm{e}^{-2t}.$$

将初始条件 $y|_{t=0}=2$ 代入得其特解为 $y=\mathrm{e}^{-t}+\mathrm{e}^{-2t}$.

解二 用拉普拉斯变换求解,不妨作如下尝试:对方程两边取拉普拉斯变换,并设 $\mathscr{L}[y]=Y(s)$,得

$$\mathscr{L}[y']+2\mathscr{L}[y]=\mathscr{L}[\mathrm{e}^{-t}],$$

$$s\mathscr{L}[y]-y(0)+2\mathscr{L}[y]=\frac{1}{s+1},$$

再将初始条件 $y|_{t=0}=2$(即 $y(0)=2$)和 $\mathscr{L}[y]=Y(s)$代入上式,得

$$sY(s)-2+2Y(s)=\frac{1}{s+1},$$

解代数方程,得

$$Y(s)=\frac{2s+3}{(s+1)(s+2)}=\frac{1}{s+1}+\frac{1}{s+2}.$$

对以上象函数取拉普拉斯逆变换,得

$$y=\mathscr{L}^{-1}[Y(s)]=\mathscr{L}^{-1}\left[\frac{1}{s+1}\right]+\mathscr{L}^{-1}\left[\frac{1}{s+2}\right]=\mathrm{e}^{-t}+\mathrm{e}^{-2t},$$

此即为所求微分方程的特解.

显然上面两种方法结果一致,也就是说用拉普拉斯变换求解微分方程是完全可行的.下面来分析一下什么样的微分方程可用拉普拉斯交换求解,怎样用拉普拉斯变换求解微分方程等问题.

上述方程是一阶常系数线性微分方程,可以推广到二阶或二阶以上常系数线性微分方程,也就是说,常系数线性微分方程满足初始条件的特解均可用拉普拉斯变换的方法来求解.

如何用拉普拉斯变换来求解微分方程呢? 由案例 1 的第二种解法可知,这种解法分为三个步骤:第一步,对方程两边取拉普拉斯变换,将微分方程转化为关于象函数的代数方程;第二步,用解代数方程的方法解出象函数;第三步,对象函数取拉普拉斯逆变换,得象原函数,此即为所求原方程的解,用图 8-2 表示如下.

例 1 求解方程 $y''+2y'-3y=\mathrm{e}^{-t}, y(0)=0, y'(0)=1$.

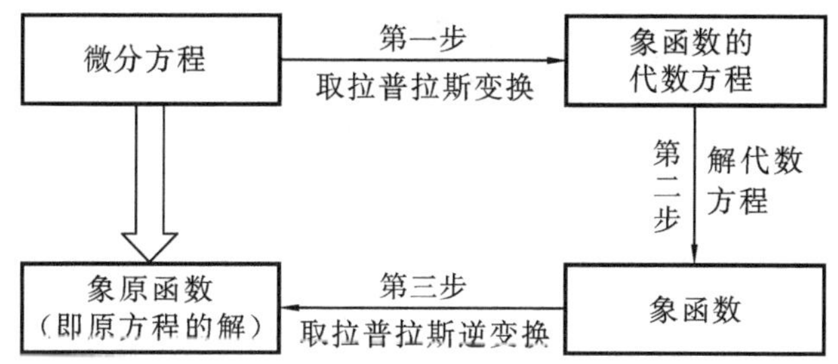

图 8-2

解 对题设方程两边取拉普拉斯变换,并设 $\mathscr{L}[y]=Y(s)$,得

$$\mathscr{L}[y'']+2\mathscr{L}[y']-3\mathscr{L}[y]=\mathscr{L}[\mathrm{e}^{-t}],$$

$$s^2\mathscr{L}[y]-sy(0)-y'(0)+2s\mathscr{L}[y]-2y(0)-3\mathscr{L}[y]=\frac{1}{s+1}.$$

将初始条件和 $\mathscr{L}[y]=Y(s)$代入上式,得到 $Y(s)$的代数方程为

$$s^2Y(s)-1+2sY(s)-3Y(s)=\frac{1}{s+1},$$

解得
$$Y(s)=\frac{s+2}{(s+1)(s-1)(s+3)}=\frac{-1/4}{s+1}+\frac{3/8}{s-1}+\frac{-1/8}{s+3}.$$

对以上象函数取拉普拉斯逆变换,得

$$y(t)=\mathscr{L}^{-1}\left[\frac{-1/4}{s+1}+\frac{3/8}{s-1}+\frac{-1/8}{s+3}\right]$$

$$=-\frac{1}{4}\mathscr{L}^{-1}\left[\frac{1}{s+1}\right]+\frac{3}{8}\mathscr{L}^{-1}\left[\frac{1}{s-1}\right]-\frac{1}{8}\mathscr{L}^{-1}\left[\frac{1}{s+3}\right]=\frac{1}{8}(3\mathrm{e}^t-2\mathrm{e}^{-t}-\mathrm{e}^{-3t}),$$

此即为所求微分方程的解.

例 2 求微分方程组$\begin{cases}x''-2y'-x=0,\\x'-y=0\end{cases}$满足初始条件 $x(0)=0,x'(0)=y(0)=1$ 的解.

解 对方程组各个方程两边取拉普拉斯变换,并设

$$\mathscr{L}[x(t)]=X(s)=X,\quad \mathscr{L}[y(t)]=Y(s)=Y,$$

得
$$\begin{cases}s^2X-sx(0)-x'(0)-2(sY-y(0))-X=0,\\sX-x(0)-Y=0,\end{cases}$$

将初始条件 $x(0)=0,x'(0)=y(0)=1$ 代入上式,整理后,得

$$\begin{cases}(s^2-1)X-2sY=0,\\sX-Y=0,\end{cases}$$

解此代数方程组,得
$$\begin{cases}X=\dfrac{1}{s^2+1},\\Y=\dfrac{s}{s^2+1}.\end{cases}$$

对以上原函数取拉普拉斯逆变换,得所求方程组的解为

$$\begin{cases}x=\sin t,\\ y=\cos t.\end{cases}$$

例 3 RC 并联电路与电流为单位脉冲函数 $\delta(t)$ 的电源接通(见图 8-3),设电容 C 上原来没有电压,即 $u(0)=0$,求电压 $u(t)$.

解 设流经电阻 R 和电容 C 的电流分别为 $i_1(t)$ 和 $i_2(t)$,则由电学知识可知

$$i_1(t)=\frac{u(t)}{R},\quad i_2(t)=C\,\frac{\mathrm{d}u(t)}{\mathrm{d}t}.$$

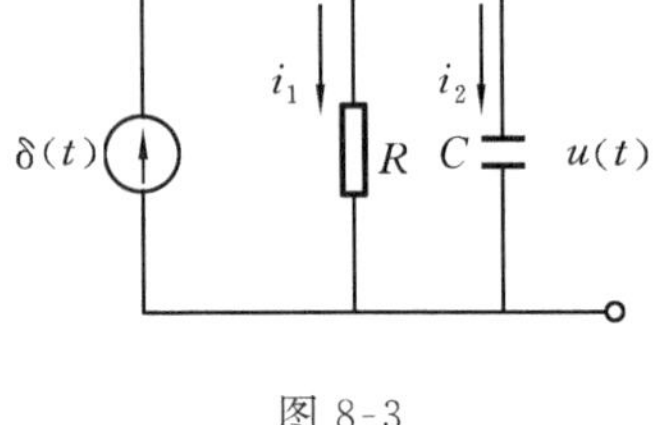

图 8-3

由题意知 $i_1(t)+i_2(t)=\delta(t)$,于是得其微分方程为

$$\begin{cases}C\,\dfrac{\mathrm{d}u}{\mathrm{d}t}+\dfrac{u}{R}=\delta(t),\\ u(0)=0.\end{cases}$$

设 $\mathscr{L}[u(t)]=U(s)$,对微分方程取拉普拉斯变换,得

$$C[sU(s)-u(0)]+\frac{U(s)}{R}=1,$$

代入初始条件 $u(0)=0$,并整理得

$$U(s)=\frac{1}{1/R+Cs}=\frac{1}{C}\cdot\frac{1}{s+1/(RC)}.$$

对以上原函数取拉普拉斯逆变换,得

$$u(t)=\mathscr{L}^{-1}[U(s)]=\frac{1}{C}\mathrm{e}^{-\frac{t}{RC}}.$$

这个解的物理意义是:由于电源的电流是单位脉冲电流,它在一瞬间把电容充电使其电压从 0 跃变为 $1/C$,然后电容向电阻按指数规律放电.

例 4 如图 8-4 所示的电路中,已知 $U=200\ \mathrm{V}$, $u_C(0)=100\ \mathrm{V}$, $R_1=30\ \Omega$, $R_2=10\ \Omega$, $L=0.1\ \mathrm{H}$, $C=1000\ \mu\mathrm{F}$,求当开关闭合之后电感中的电流.

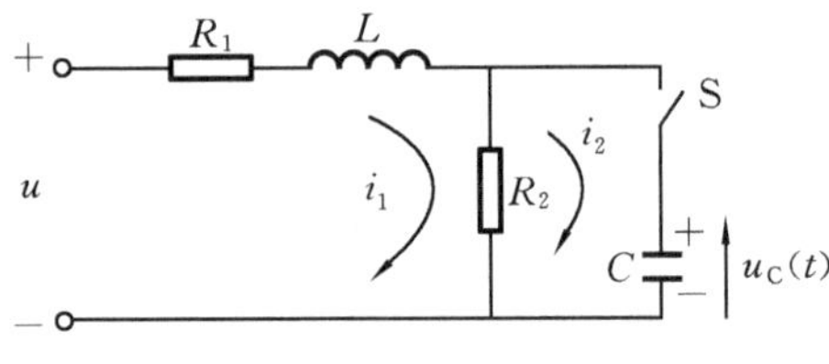

图 8-4

解 按照回路电流法,分别列出两个回路中电流 $i_1(t)$ 和 $i_2(t)$ 所满足的微分方程:

$$\begin{cases}(R_1+R_2)i_1+L\,\dfrac{\mathrm{d}i_1}{\mathrm{d}t}-R_2i_2=U,\\ -R_2i_1+R_2i_2+\dfrac{1}{C}\displaystyle\int_0^t i_2\,\mathrm{d}t-u_C(0)=0.\end{cases}$$

设 $\quad\mathscr{L}[i_1(t)]=I_1(s)=I_1,\quad \mathscr{L}[i_2(t)]=I_2(s)=I_2,$

对以上方程组取拉普拉斯变换,得

$$\begin{cases}(R_1+R_2)I_1+LsI_1-Li_1(0)-R_2I_2=\dfrac{U}{s},\\ -R_2I_1+R_2I_2+\dfrac{1}{sC}I_2-\dfrac{u_C(0)}{s}=0,\end{cases}$$

而

$$i_1(0)=\frac{U}{R_1+R_2}=\frac{200}{30+10}\ \text{A}=5\ \text{A},$$

于是，有

$$\begin{cases}(40+0.1s)I_1-10I_2=\dfrac{200}{s}+0.5,\\ -10I_1+\left(10+\dfrac{1000}{s}\right)I_2=\dfrac{100}{s}.\end{cases}$$

解此方程组，得

$$I_1(s)=5\left[\frac{1}{s}+\frac{300}{(s+200)^2}\right].$$

取拉普拉斯逆变换，得

$$i_1(t)=\mathscr{L}^{-1}[I_1(s)]=5(1+300te^{-200t}),$$

此即为开关闭合后电感中的电流.

8.5.2 传递函数

拉普拉斯变换在自动控制理论中的主要应用就是引出了传递函数这一基本概念.

案例 2 在自动控制系统中，如图 8-5 所示的 RLC 串联电路中，若输入量为 $u_i(t)$，输出量为 $u_o(t)$，现在要求出这两个量的拉普拉斯变换之比，即 $\frac{u_i(s)}{u_o(s)}$，这就是所谓的传递函数.

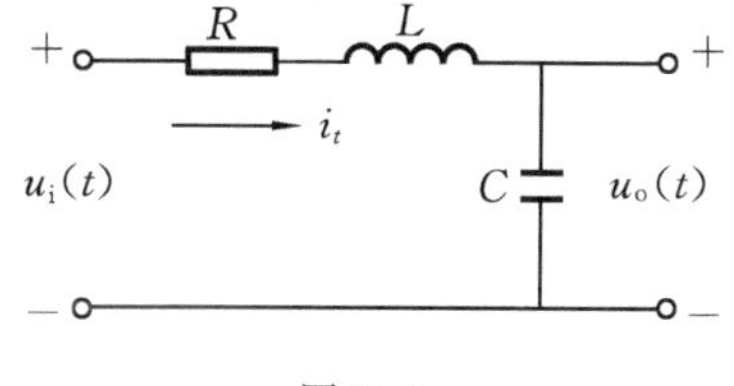

图 8-5

所谓线性系统（或环节）的传递函数就是初始条件为零时输出量 $c(t)$ 的拉普拉斯变换 $C(s)$ 与输入量 $r(t)$ 的拉普拉斯变换 $R(s)$ 之比，记作

$$G(s)=\frac{C(s)}{R(s)}. \qquad ①$$

式①也可以理解为系统（环节）的输入量 $R(s)$，经过系统（环节）的传递函数 $G(s)$ 的传递后，得到的输出量 $C(s)$，如图 8-6 所示，功能框内是传递函数 $G(s)$，箭头表示了信号传递的方向，可得

$$C(s)=G(s)\cdot R(s).$$

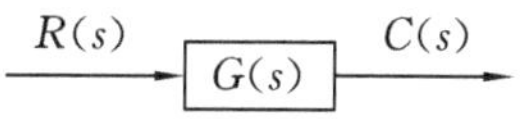

$R(s)$ → [$G(s)$] → $C(s)$

图 8-6

在线性电路中，常遇到一种四端网络，它输出电压 $u_o(t)$ 与输入电压 $u_i(t)$ 的微分或积分成正比，这种四端网络就称为微分环节或积分环节（也称微分电路或积分电路）.

1. 微分环节

输出量与输入量的导数成正比的环节称为微分环节.

以图 8-7 所示的电路为例来讨论微分环节，其中 $u_i(t)$ 和 $u_o(t)$ 分别为电路的输入电压、输出电压，由图不难列得微分方程组

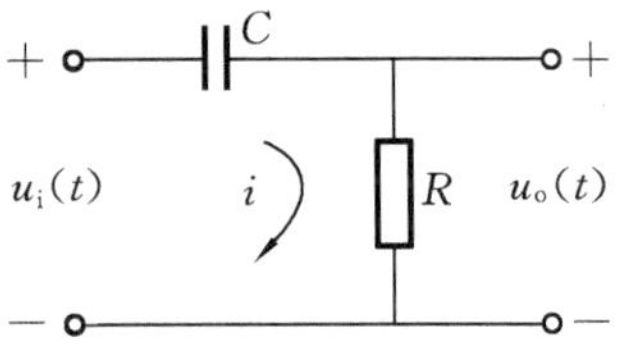

$$\begin{cases} u_i(t) = iR + \dfrac{1}{C}\displaystyle\int_0^t i\mathrm{d}t, \\ u_o(t) = iR. \end{cases}$$

图 8-7

设 $\mathscr{L}[u_i(t)]=U_i(s)$， $\mathscr{L}[u_o(t)]=U_o(s)$， $\mathscr{L}[i(t)]=I(s)$，

对以上方程组取拉普拉斯变换，得

$$\begin{cases} U_i(s)=RI(s)+\dfrac{1}{Cs}I(s)=RI(s)\left(1+\dfrac{1}{RCs}\right), \\ U_o(s)=RI(s). \end{cases}$$

根据传递函数的定义，此电路的电压传递函数为

$$G(s)=\frac{U_o(s)}{U_i(s)}=\frac{RI(s)}{RI(s)\left(1+\dfrac{1}{RCs}\right)}=\frac{1}{1+\dfrac{1}{RCs}}=\frac{RCs}{RCs+1}=\frac{T_0 s}{T_0 s+1} \quad (T_0=RC).$$

2. 积分环节

输出量与输入量对时间积分成正比的环节称为积分环节.

比较简单的积分环节如图 8-8 所示，由图可得

$$\begin{cases} u_i(t) = iR + \dfrac{1}{C}\displaystyle\int_0^t i\mathrm{d}t, \\ u_o(t) = \dfrac{1}{C}\displaystyle\int_0^t i\mathrm{d}t. \end{cases}$$

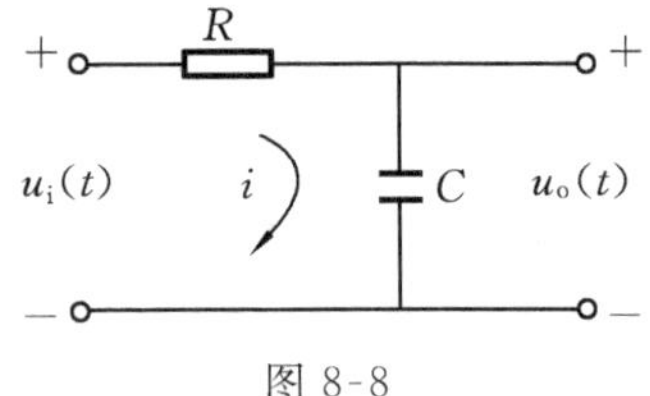

图 8-8

对方程组各方程两边取拉普拉斯变换，并设

$$\mathscr{L}[u_o(t)]=U_o(s),\quad \mathscr{L}[u_i(t)]=U_i(s),$$
$$\mathscr{L}[i]=I(s),$$

解得

$$\begin{cases} U_i(s)=RI(s)+\dfrac{1}{Cs}I(s)=RI(s)\left(1+\dfrac{1}{RCs}\right), \\ U_o(s)=\dfrac{1}{Cs}I(s), \end{cases}$$

于是，该电路电压的传递函数为

$$G(s)=\frac{U_o(s)}{U_i(s)}=\frac{\dfrac{1}{Cs}I(s)}{RI(s)\left(1+\dfrac{1}{RCs}\right)}=\frac{1}{1+RCs}=\frac{1}{1+T_0 s} \quad (T_0=RC).$$

练　习　8.5

1. 求下列微分方程(组)的解.

(1) $y''+4y'+3y=\mathrm{e}^{-t}$， $y(0)=y'(0)=1$；

(2) $\frac{\mathrm{d}i}{\mathrm{d}t}+5i=10\mathrm{e}^{-3t}$，$i(0)=0$；

(3) $\frac{\mathrm{d}^2x}{\mathrm{d}t^2}+\omega^2x=0$，$x(0)=0$，$x'(0)=\omega$；

(4) $y''(t)+3y'(t)+2y(t)=4$，$y(0)=0$，$y'(0)=1$；

(5) $\begin{cases}x'+x-y=\mathrm{e}^t,\\ y'+3x-2y=2\mathrm{e}^t,\end{cases}$ $x(0)=y(0)=1$；

(6) $\begin{cases}x''+2y=0,\\ y'+x+y=0,\end{cases}$ $x(0)=0$，$x'(0)=y(0)=1$.

2. 如图 8-9 所示的 RL 串联电路，在 $t=0$ 时，将开关 S 合上，接上直流电源 E，求电路中的电流 $i(t)$.

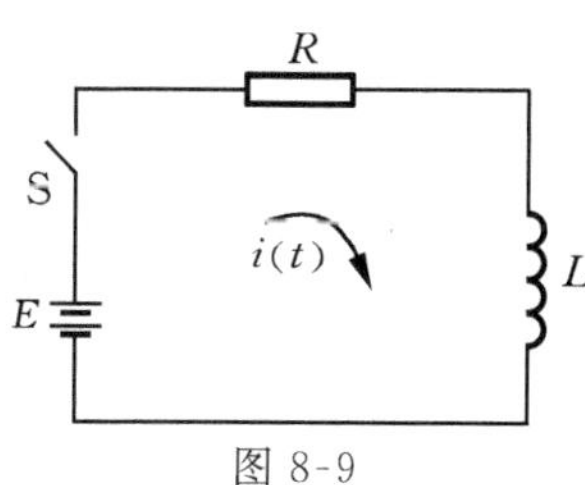

图 8-9

综合练习 8

1. 求下列函数的拉普拉斯变换.

(1) $f(t)=\begin{cases}8, & 0\leqslant t<2,\\ 6, & t\geqslant 2;\end{cases}$ (2) $f(t)=\mathrm{e}^{4t}\cos 3t\cos 4t$；

(3) $f(t)=\mathrm{e}^{-\beta t}\delta(t)-\beta\mathrm{e}^{-\beta t}u(t)$ $(\beta>0)$； (4) $f(t)=(at-b)^n$.

2. 求下列函数的拉普拉斯逆变换.

(1) $F(s)=\frac{2\mathrm{e}^{-s}-\mathrm{e}^{-2s}}{s}$； (2) $F(s)=\frac{5s^2-15s+7}{(s+1)(s-2)^3}$；

(3) $F(s)=\frac{3s+9}{s^2+2s+10}$； (4) $F(s)=\frac{2s+7}{(s+1)(s+2)(s+4)}$.

3. 用拉普拉斯变换解微分方程.

(1) $y''+2y'+2y=\mathrm{e}^{-t}$，$y(0)=y'(0)=0$；

(2) $y'''+8y=32t^2-16t$，$y(0)=y'(0)=y''(0)=0$.

4. 用拉普拉斯变换解方程组.

$$\begin{cases}y''-x''+x'-y=\mathrm{e}^t-2, & y(0)=y'(0)=0,\\ 2y''-x''-2y'+x=-t, & x(0)=x'(0)=0.\end{cases}$$

5. 在如图 8-10 所示的电路中，设输入电压为

$$u_0(t)=\begin{cases}1, & 0\leqslant t<T,\\ 0, & t\geqslant T,\end{cases}$$

求输出电压 $u_R(t)$（电容在 $t=0$，不带电）.

6. 已知 RC 串联电路的输入电压 $u_{\mathrm{i}}(t)=12(1-\mathrm{e}^{-\frac{t}{5}})$，且当 $t=0$ 时，$u_0=0$，如果 $RC=10\ \mu\mathrm{s}$，求电路电压的传递函数（见图 8-11）.

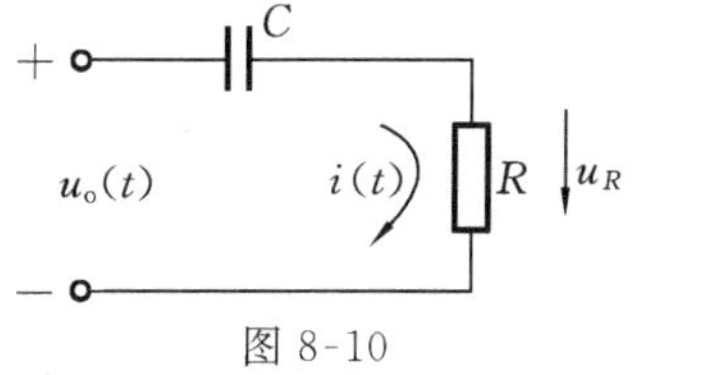

图 8-10

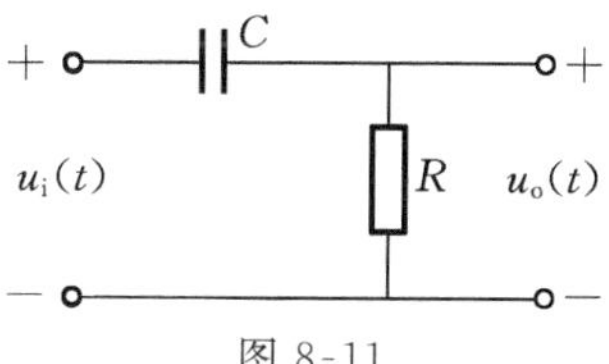

图 8-11

*第9章　傅里叶变换

傅里叶变换(也称傅氏变换)是一种重要的数学工具,它在电力工程、无线电技术、力学、光学、量子物理学和各种线性系统中都有着广泛的应用.随着计算机技术的发展,在20世纪60年代中期,出现了快速傅里叶变换(FFT),使得这一数学工具的使用更为便捷.

本章首先介绍复数、复变函数的有关概念,然后从傅里叶级数的复数形式引入傅里叶变换的概念,讨论其性质.

9.1　复数

9.1.1　复数的概念

1. 复数的定义

定义　形如 $a+\mathrm{i}b$ $(a,b\in\mathbf{R})$ 的数称为复数,通常用字母 z 表示,即 $z=a+\mathrm{i}b$,其中 i 为虚数单位,且 $\mathrm{i}^2=-1$,a,b 分别称为复数 $z=a+\mathrm{i}b$ 的实部和虚部,记为 $a=\mathrm{Re}z$,$b=\mathrm{Im}z$.

当 $b=0$ 时,复数 $a+\mathrm{i}b$ 就是实数 a;当 $b\neq0$ 时,复数 $a+\mathrm{i}b$ 称为虚数,这时如果 $a=0$,则称之为纯虚数,即 $a+\mathrm{i}b=\mathrm{i}b$.由此可知,复数包含实数和虚数.

例1　实数 m 取何值时,复数 $z=(m^2-3m-4)+\mathrm{i}(m^2-5m-6)$ 是:(1) 实数;(2) 虚数;(3) 纯虚数?

解　设 $a=m^2-3m-4=(m+1)(m-4)$,$b=m^2-5m-6=(m+1)(m-6)$.

由复数定义可得如下的结论.

(1) 若复数 z 是实数,那么 $b=0$,即 $(m+1)(m-6)=0$,解得 $m=-1$ 或 $m=6$,故当 $m=-1$,$m=6$ 时,z 为实数.

(2) 若复数 z 是虚数,那么 $b\neq0$,即 $m\neq-1$ 且 $m\neq6$,故当 $m\neq-1$ 且 $m\neq6$ 时,z 为虚数.

(3) 若复数 z 是纯虚数,那么 $a=0$ 且 $b\neq0$,即 $(m+1)(m-4)=0$ 且 $(m+1)(m-6)\neq0$,得 $m=4$,故当 $m=4$ 时,z 为纯虚数.

2. 复数的几何表示法

复数 $z=a+\mathrm{i}b$ 的实部和虚部是有序的,因此复数 $z=a+\mathrm{i}b$ 与有序实数对 (a,b) 之间可以建立一一对应的关系.如果规定直角坐标平面内的横轴 x 为实轴,单位为

1，纵轴 y（不包括原点）为虚轴，单位为 i，那么复数 $a+\mathrm{i}b$ 就可用这样的平面内的点 $M(a,b)$ 表示，如图 9-1 所示.

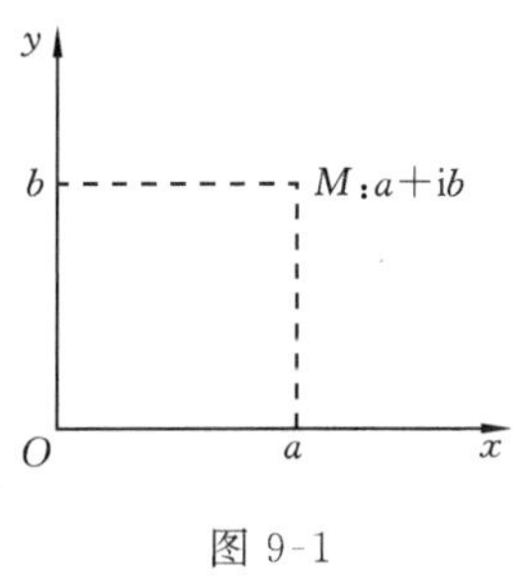

图 9-1

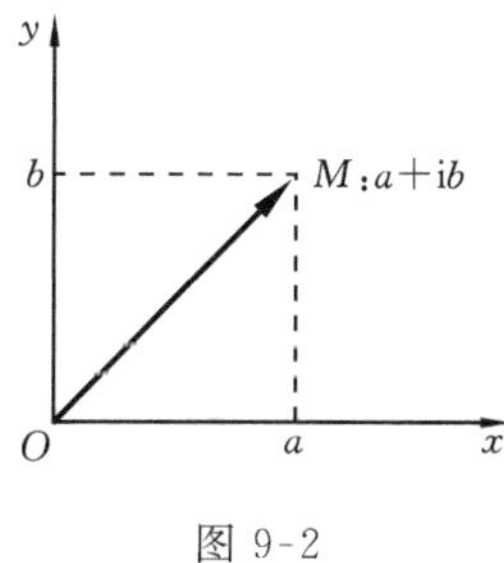

图 9-2

用来表示复数的平面称为复平面.

此外，向量 $\overrightarrow{OM}$ 由 $M(a,b)$ 唯一确定，而向量 $\overrightarrow{OM}$ 又可唯一确定 $M(a,b)$，故向量 $\overrightarrow{OM}$ 与点 $M(a,b)$ 是一一对应的，而点 $M(a,b)$ 与复数 $z=a+\mathrm{i}b$ 是一一对应的. 因此，复数 $z=a+\mathrm{i}b$ 也可以用向量表示，如图 9-2 所示.

为方便起见，今后常把复数 $z=a+\mathrm{i}b$ 说成点 M 或向量 $\overrightarrow{OM}$.

向量 $\overrightarrow{OM}$ 的长度 r 称为复数 $z=a+\mathrm{i}b$ 的模，记为 $|z|$ 或 $|a+\mathrm{i}b|$，由 x 轴的正半轴到向量 $\overrightarrow{OM}$ 的角 θ 称为复数 $z=a+\mathrm{i}b$ 的辐角. 一个不等于零的复数的辐角有无穷个，它们彼此相差 $2k\pi$（k 为整数），辐角在 $[0,2\pi)$ 内的值称为辐角的主值.

例 2 用向量表示复数 $\sqrt{3}+\mathrm{i}$，$3\mathrm{i}$，-2，$3-4\mathrm{i}$，并分别求出它们的模和辐角的主值.

解 （1）如图 9-3 所示，向量 $\overrightarrow{OA}$ 表示复数 $\sqrt{3}+\mathrm{i}$，它的模为

$$|\sqrt{3}+\mathrm{i}|=\sqrt{(\sqrt{3})^2+1^2}=2.$$

因为 $a=\sqrt{3}, b=1, \tan\theta=\dfrac{1}{\sqrt{3}}$，点 $A(\sqrt{3},1)$ 在第 Ⅰ 象限，所以辐角的主值为 $\theta=\dfrac{\pi}{6}$.

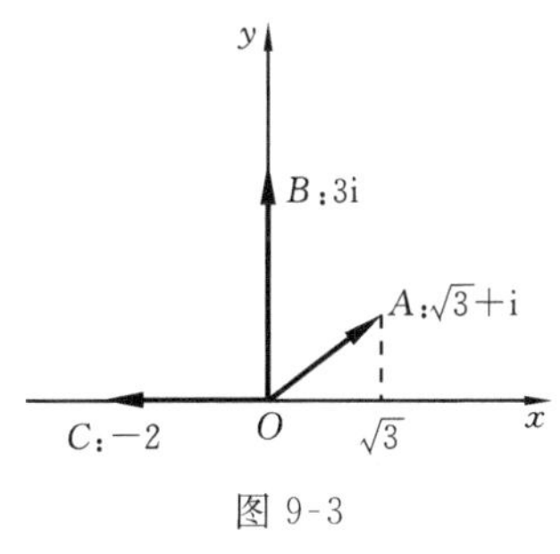

图 9-3

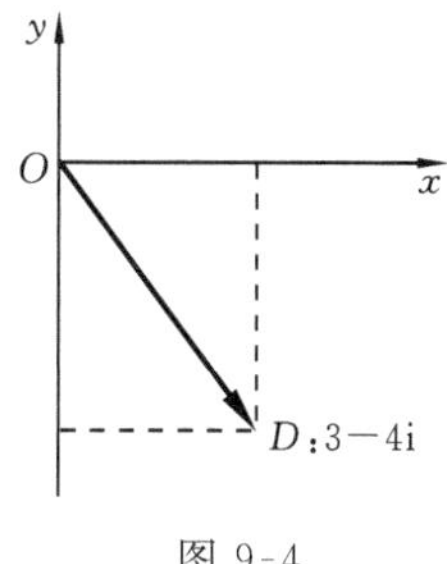

图 9-4

（2）如图 9-3 所示，向量 $\overrightarrow{OB}$ 表示复数 $3\mathrm{i}$，它的模为 $|3\mathrm{i}|=\sqrt{0^2+3^2}=3$，辐角的主值为 $\theta=\dfrac{\pi}{2}$.

（3）如图 9-3 所示，向量 $\overrightarrow{OC}$ 表示复数 -2，它的模为 $|-2|=2$，辐角的主值为 $\theta=\pi$.

（4）如图 9-4 所示，向量 $\overrightarrow{OD}$ 表示复数 $3-4\mathrm{i}$，它的模为

$$|3-4\mathrm{i}|=\sqrt{3^2+(-4)^2}=5.$$

因为 $a=3,b=-4,\tan\theta=-\dfrac{4}{3}$,点 $D(3,-4)$在第Ⅳ象限,所以辐角的主值为

$$\theta=2\pi-\arctan\frac{4}{3}.$$

如果两个复数的实部和虚部完全相等,则称这两个复数相等.即若 $z_1=a_1+\mathrm{i}b_1$,$z_2=a_2+\mathrm{i}b_2$,且 $a_1=b_1,a_2=b_2$,则 $z_1=z_2$.

两个复数不能比较大小,但可以进行加、减、乘、除运算.例如:

$$z_1\pm z_2=(a_1+\mathrm{i}b_1)\pm(a_2+\mathrm{i}b_2)=(a_1\pm a_2)+\mathrm{i}(b_1\pm b_2),$$

$$z_1\cdot z_2=(a_1+\mathrm{i}b_1)(a_2+\mathrm{i}b_2)=(a_1a_2-b_1b_2)+\mathrm{i}(a_1b_2+a_2b_1),$$

$$\frac{z_1}{z_2}=\frac{a_1+\mathrm{i}b_1}{a_2+\mathrm{i}b_2}=\frac{(a_1+\mathrm{i}b_1)(a_2-\mathrm{i}b_2)}{(a_2+\mathrm{i}b_2)(a_2-\mathrm{i}b_2)}=\frac{a_1a_2+b_1b_2}{a_2^2+b_2^2}+\mathrm{i}\,\frac{a_2b_1-a_1b_2}{a_2^2+b_2^2}.$$

9.1.2 复数的三种形式

1. 复数的代数形式

设有复数 $z=a+\mathrm{i}b$,则把 $a+\mathrm{i}b$ 称为复数 z 的代数形式.

2. 复数的三角形式

设有非零复数 $z=a+\mathrm{i}b$ 的模为 r,辐角为 θ,如图 9-5 所示,则有

$$\begin{cases}a=r\cos\theta,\\ b=r\sin\theta,\end{cases}$$

于是 $z=a+\mathrm{i}b=r\cos\theta+\mathrm{i}r\sin\theta=r(\cos\theta+\mathrm{i}\sin\theta)$,

其中 $r=\sqrt{a^2+b^2},\quad \tan\theta=\dfrac{b}{a}\ (a\neq0)$,

θ 所在的象限即点(a,b)所在的象限.

$r(\cos\theta+\mathrm{i}\sin\theta)$称为复数 z 的三角形式.

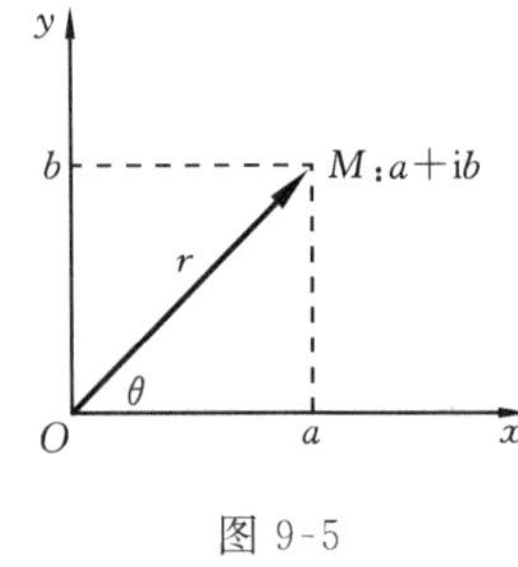

图 9-5

3. 复数的指数形式

根据欧拉公式 $\mathrm{e}^{\mathrm{i}\theta}=\cos\theta+\mathrm{i}\sin\theta$ 可知,任何一个非零复数 $z=a+\mathrm{i}b$ 都可表示为 $z=r(\cos\theta+\mathrm{i}\sin\theta)=r\mathrm{e}^{\mathrm{i}\theta}$,$r\mathrm{e}^{\mathrm{i}\theta}$称为复数 z 的指数形式,其中 r 为复数 z 的模,θ 为辐角.

例 3 把下列复数化为三角形式和指数形式.

(1) $\sqrt{3}+\mathrm{i}$; (2) $3\mathrm{i}$; (3) -2; (4) $3-4\mathrm{i}$;

(5) $1-\cos\theta+\mathrm{i}\sin\theta\quad(0\leqslant\theta\leqslant\pi)$.

解 (1) $\sqrt{3}+\mathrm{i}=2\left(\dfrac{\sqrt{3}}{2}+\dfrac{1}{2}\mathrm{i}\right)=2\left(\cos\dfrac{\pi}{6}+\mathrm{i}\sin\dfrac{\pi}{6}\right)$ (三角形式)

$=2\mathrm{e}^{\mathrm{i}\frac{\pi}{6}}$ (指数形式).

(2) $3\mathrm{i}=3\left(\cos\dfrac{\pi}{2}+\mathrm{i}\sin\dfrac{\pi}{2}\right)$ (三角形式)

$=3\mathrm{e}^{\mathrm{i}\frac{\pi}{2}}$ (指数形式).

(3) $-2=2(\cos\pi+\mathrm{i}\sin\pi)$ （三角形式）

$=2\mathrm{e}^{\mathrm{i}\pi}$ （指数形式）.

(4) $3-4\mathrm{i}=5\left(\frac{3}{5}-\frac{4}{5}\mathrm{i}\right)$

$=5\left[\cos\left(2\pi-\arctan\frac{4}{3}\right)+\mathrm{i}\sin\left(2\pi-\arctan\frac{4}{3}\right)\right]$ （三角形式）

$=5\mathrm{e}^{\mathrm{i}\left(2\pi-\arctan\frac{4}{3}\right)}$ （指数形式）.

(5) $1-\cos\theta+\mathrm{i}\sin\theta=2\sin^2\frac{\theta}{2}+2\mathrm{i}\sin\frac{\theta}{2}\cos\frac{\theta}{2}=2\sin\frac{\theta}{2}\left(\sin\frac{\theta}{2}+\mathrm{i}\cos\frac{\theta}{2}\right)$

$=2\sin\frac{\theta}{2}\left(\cos\frac{\pi-\theta}{2}+\mathrm{i}\sin\frac{\pi-\theta}{2}\right)$ （三角形式）

$=2\sin\frac{\theta}{2}\mathrm{e}^{\mathrm{i}\frac{\pi-\theta}{2}}$ （指数形式）.

练　习　9.1

1. 回答下列问题.

(1) a 是什么实数时，$\frac{a^2+a-6}{a+5}+\mathrm{i}(a^2+8a+15)$是实数、纯虚数？

(2) m 是什么实数时，$(2m^2+5m-3)-\mathrm{i}(6m^2-m-1)$是实数、虚数、纯虚数？

2. 计算下列各式.

(1) $(-6+3\mathrm{i})-(6+3\mathrm{i})$；　　(2) $(1-3\mathrm{i}^7)+(2+4\mathrm{i}^9)-(3-5\mathrm{i}^3)$；

(3) $\left|\frac{1-\mathrm{i}}{1+\mathrm{i}}\right|$；　　(4) $\frac{\sqrt{5}+\sqrt{3}\mathrm{i}}{\sqrt{5}-\sqrt{3}\mathrm{i}}-\frac{\sqrt{3}+\sqrt{5}\mathrm{i}}{\sqrt{3}-\sqrt{5}\mathrm{i}}$.

3. 设 $4\mathrm{i}-2-\frac{x+\mathrm{i}y}{\mathrm{i}}=\frac{2(x-\mathrm{i}y)}{1-\mathrm{i}}$，求实数 x 和 y 的值.

4. 设复数 $z=\frac{1-2\mathrm{i}}{3+4\mathrm{i}}$，求 z 的实部、虚数、模、辐角的主值.

5. 将下列复数表示为代数形式.

(1) $4\left(\cos\frac{\pi}{3}+\mathrm{i}\sin\frac{\pi}{3}\right)$；　　(2) $2\sqrt{2}\mathrm{e}^{\mathrm{i}\frac{3\pi}{4}}$；

(3) $\sqrt{2}\left[\cos\left(-\frac{\pi}{4}\right)+\mathrm{i}\sin\left(-\frac{\pi}{4}\right)\right]$；　　(4) $\sqrt{3}\mathrm{e}^{\mathrm{i}\frac{\pi}{2}}$.

6. 将下列复数化为三角形式.

(1) $-1+\sqrt{3}\mathrm{i}$；　　(2) $2\mathrm{i}$；　　(3) $1+\mathrm{i}$.

7. 将下列复数化为指数形式.

(1) $\sqrt{3}(\cos150^\circ+\mathrm{i}\sin150^\circ)$；　(2) $\cos\frac{\pi}{6}-\mathrm{i}\sin\frac{\pi}{6}$；　(3) $1-\sqrt{3}\mathrm{i}$.

9.2 复变函数

9.2.1 复平面上的点集与区域

在高等数学课程中已学过平面点集的有关知识.由于复数可以看成复平面上的点,因此,我们可以通过满足一定条件的复数来表示复平面的点集.

例如,方程$|z+\mathrm{i}|=3$,用$z=x+\mathrm{i}y$代入得$x^2+(y+1)^2=9$,它表示复平面上以$z_0=-\mathrm{i}$为圆心、以3为半径的圆周.一般地,$|z-z_0|=r$表示复平面上以z_0为圆心、以r为半径的圆周.而$|z-z_0|<r$表示以z_0圆心、以r为半径的不带边的圆盘,如图9-6所示.

定义1 设z_0是复平面上的点,δ是一个正数,则满足$|z-z_0|<\delta$的所有z组成的点集称为z_0的一个δ邻域,记为$N(z_0,\delta)$;满足$0<|z-z_0|<\delta$的所有z组成的点集称为z_0的去心δ邻域,记为$N(\hat{z}_0,\delta)$.

定义2 设G复平面上一个点集,$z_0\in G$,如果存在z_0的一个δ邻域,使得此邻域中的所有点都属于G,则称z_0为G的一个内点.所有点都是内点的点集称为开集.

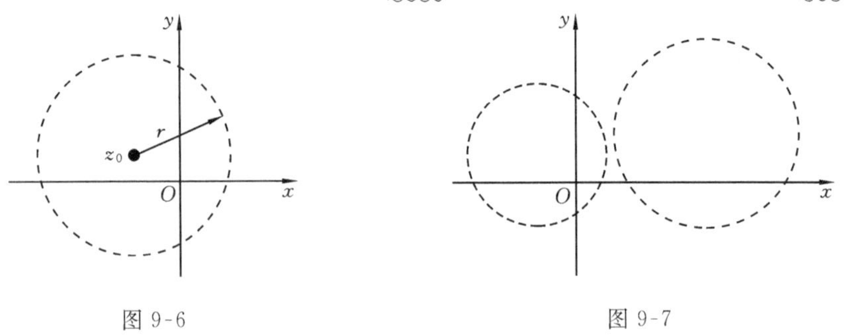

图 9-6　　　　图 9-7

定义3 满足下列条件的平面点集D称为一个区域:

(1) D是开集;

(2) D中任意两点都可以用完全属于D的一条折线连接起来,即D具有连通性.

简单地说,区域是连通的开集.如图9-7所示,由两个不相交的开圆盘组成的点集虽然是开集,但不连通,因此它不是区域,而单独一个开圆盘则是区域.

更直观地说,区域是平面内一整块不带边的部分内的点集.

定义4 设G复平面上一个点集,z_0是复平面上的一点,如果z_0的任何δ邻域中既有G中的点,又有不是G中的点,则称z_0为G的边界点.G的所有边界点的集合称为G的边界.

如果D是一个区域,C为其边界,则区域D连同它的边界一起称为闭区域,记为$\overline{D}$,即$\overline{D}=D+C$.

例如,$|z|<r\ (r>0)$表示z平面上以原点为圆心、以r为半径的不带边的圆盘,

它是一个圆形区域，它的边界是圆周$|z|=r$，而$|z|\leqslant r$为一个闭区域.

又如，$\frac{\pi}{6}<\arg z<\frac{\pi}{3}$表示介于射线$\arg z=\frac{\pi}{6}$与射线$\arg z=\frac{\pi}{3}$之间的角形区域，其边界为射线$\arg z=\frac{\pi}{3}$和$\arg z=\frac{\pi}{6}$，而$\frac{\pi}{6}\leqslant\arg z\leqslant\frac{\pi}{3}$为一个闭区域，如图9-8所示.

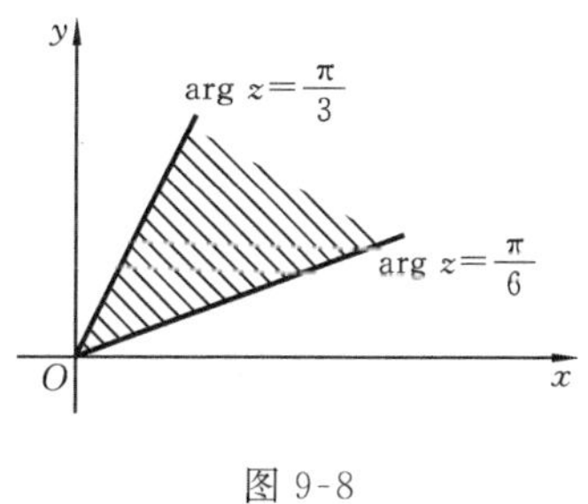

图 9-8

定义5　设G复平面上一个点集，如果存在正数M，使得G中的任何点z，均满足$|z|\leqslant M$，则称G为有界点集；否则，称G为无界点集.

当区域(闭区域)有界时，称其为有界区域(有界闭区域)；否则，称该区域为无界区域(无界闭区域). 例如，$|z|<r$为有界区域，$\frac{\pi}{6}\leqslant\arg z\leqslant\frac{\pi}{3}$为无界闭区域，$\mathrm{Im}z\geqslant 0$也是无界闭区域.

9.2.2　复变函数的概念

定义6　设G为复平面上的一个点集，若对于G中的每个复数$z=x+\mathrm{i}y$，按照一定规律，有确定的复数$w=u+\mathrm{i}v$与之对应，则称w为复变数z的函数，简称为复变函数，记为$w=f(z)$.

如果z的每一个值对应着w的一个值，则称$f(z)$为单值函数；如果z的每一个值对应着w的几个值，则称$f(z)$为多值函数. 以后若无特别声明，所讨论的函数均指单值函数.

本书中所讨论的集合G一般是一个平面区域，通常称该平面区域为函数$f(z)$的定义域.

在高等数学中，常常把函数用几何图形表示出来. 在研究复变函数时，我们也希望用直观的几何图形来帮助分析，但是由于复变函数中的自变量z和函数w都是复数，因此需要通过两个复平面上的点集之间的对应关系给出.

给定一个函数关系$w=f(z)$，相当于给定了两组实数x,y和u,v之间的对应关系$u=u(x,y)$，$v=v(x,y)$. 因此，定义一个复变函数$w=f(z)$，相当于定义两个实变函数$u=u(x,y)$和$v=v(x,y)$.

用z平面上的点集表示自变量z的值，用w平面上的点w来表示函数w的值，就得到复变函数的几何表示：z平面上的一个点集G(定义集合)到w平面上的一个点集G^*(函数值集合)的一个映射.

例1　将函数$w=\frac{1}{z}$化成一对二元实变函数.

解　设$z=x+\mathrm{i}y$，$w=u+\mathrm{i}v$，则

$$w=u+\mathrm{i}v=\frac{1}{x+\mathrm{i}y}=\frac{1}{x^2+y^2}(x-\mathrm{i}y)$$

比较实部与虚部得 $u=\frac{x}{x^2+y^2}, v=-\frac{y}{x^2+y^2}$.

函数 $w=\frac{1}{z}$ 可以把 z 平面上的圆周 $x^2+y^2=4$ 映射成 w 平面上的圆周 $u^2+v^2=\frac{1}{4}$,把 z 平面上的直线 $x=1$ 映射成 w 平面上的圆周 $\left(u-\frac{1}{2}\right)^2+v^2=\frac{1}{4}$.

例 2 将函数 $w=z^2$ 化成一对二元实变函数.

解 设 $z=x+\mathrm{i}y, w=u+\mathrm{i}v$,则 $w=u+\mathrm{i}v=(x+\mathrm{i}y)^2=x^2-y^2+2xy\mathrm{i}$,所以 $u=x^2-y^2, v=2xy$.

函数 $w=z^2$ 可将 z 平面上的两族双曲线 $x^2-y^2=C_1, 2xy=C_2$ 映射成 w 平面上的两族平行线族 $u=C_1, v=C_2$,如图 9-9 所示.

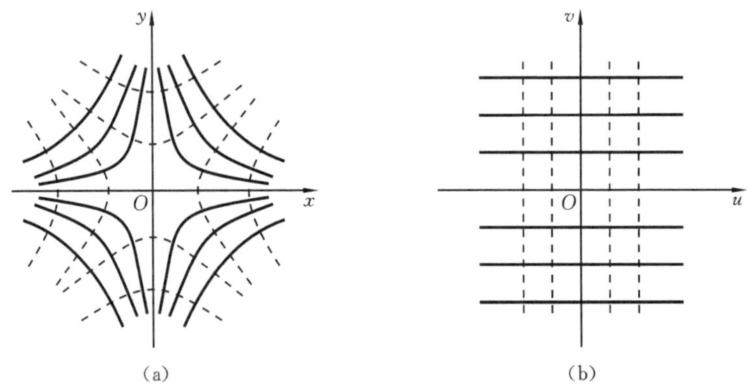

图 9-9

同样,一对二元函数也可以确定一个复变函数.

例 3 将定义在全平面(除去原点)的一对二元实变函数 $u=\frac{2x}{x^2+y^2}, v=\frac{y}{x^2+y^2}$ 化为一个复变函数.

解 设 $z=x+\mathrm{i}y, w=u+\mathrm{i}v$,则

$$w=u+\mathrm{i}v=\frac{2x+\mathrm{i}y}{x^2+y^2},$$

将 $x=\frac{1}{2}(z+\bar{z}),\ y=-\frac{\mathrm{i}}{2}(z-\bar{z}), x^2+y^2=z\bar{z}$ 代入上式,经整理得

$$w=\frac{3}{2\bar{z}}+\frac{1}{2z}.$$

9.2.3 复变函数的极限与连续

由于复变函数的性质取决于其实部和虚部的性质,于是可得出结论:如果函数

$f(z)=u(x,y)+\mathrm{i}v(x,y)$在$0<|z-z_0|<\rho$内有定义,其中

$$z=x+\mathrm{i}y,\quad z_0=x_0+\mathrm{i}y_0,$$

则
$$\lim_{z\to z_0}f(z)=A=u_0+\mathrm{i}v_0 \Leftrightarrow \lim_{\substack{x\to x_0\\y\to y_0}}u(x,y)=u_0,\quad \lim_{\substack{x\to x_0\\y\to y_0}}v(x,y)=v_0.$$

以上结论说明:复变函数极限的存在性等价于其实部和虚部两个二元函数极限的存在性.这样就把求复变函数的极限化成求该函数的实部与虚部的极限.

同样,函数$f(z)=u(x,y)+\mathrm{i}v(x,y)$在点$z_0=x_0+\mathrm{i}y_0$处连续的充要条件是$u(x,y)$和$v(x,y)$都在点$(x_0,y_0)$处连续.因此,实变函数中那些关于极限、连续的运算性质,对于复变函数依然成立.

例 4　求下列极限.

(1) $\lim\limits_{z\to 1+\mathrm{i}}\dfrac{\bar{z}}{z+1}$;　(2) $\lim\limits_{z\to -3}\dfrac{z\bar{z}+3\bar{z}+z+3}{z+3}$;　(3) $\lim\limits_{t\to+\infty}\mathrm{e}^{-(2+\mathrm{i})t}$.

解　(1) 方法一　设$z=x+\mathrm{i}y$,则$\bar{z}=x-\mathrm{i}y$,则

$$\frac{\bar{z}}{z+1}=\frac{x-\mathrm{i}y}{x+1+\mathrm{i}y}=\frac{x^2+x-y^2-\mathrm{i}(2xy+1)}{(x+1)^2+y^2},$$

而
$$\lim_{\substack{x\to 1\\y\to 1}}\frac{x^2+x-y^2}{(x+1)^2+y^2}=\frac{1}{5},\quad \lim_{\substack{x\to 1\\y\to 1}}\frac{-(2xy+1)}{(x+1)^2+y^2}=-\frac{3}{5},$$

所以
$$\lim_{z\to 1+\mathrm{i}}\frac{\bar{z}}{z+1}=\frac{1}{5}-\frac{3}{5}\mathrm{i}.$$

方法二　$\lim\limits_{z\to 1+\mathrm{i}}\dfrac{\bar{z}}{z+1}=\dfrac{1-\mathrm{i}}{1+\mathrm{i}+1}=\dfrac{1}{5}-\dfrac{3}{5}\mathrm{i}.$

(2) $\lim\limits_{z\to -3}\dfrac{z\bar{z}+3\bar{z}+z+3}{z+3}=\lim\limits_{z\to -3}\dfrac{(z+3)(\bar{z}+1)}{z+3}=\lim\limits_{z\to -3}(\bar{z}+1)=-2.$

(3)
$$\lim_{t\to+\infty}\mathrm{e}^{-(2+\mathrm{i})t}=\lim_{t\to+\infty}\mathrm{e}^{-2t}(\cos t-\mathrm{i}\sin t)=\lim_{t\to+\infty}\mathrm{e}^{-2t}\cos t-\mathrm{i}\lim_{t\to+\infty}\mathrm{e}^{-2t}\sin t$$
$$=0-0\mathrm{i}=0.$$

复变函数的可导与可微等概念与高等数学中的平行概念完全相似,限于篇幅,这里不再赘述.

练　习　9.2

1. 已知$|z|=1+3\mathrm{i}-z$,求复数z.

2. 已知$f(z)=\dfrac{z^2-z+1}{z^2+z+1}$,求$f(2+3\mathrm{i})$,$f(1-\mathrm{i})$.

3. 函数$w=\dfrac{1}{z}$把下列z平面内的曲线映射成w平面上什么样的曲线?

(1) $x^2+y^2=2$;　(2) $y=x$.

4. 求下列极限.

(1) $\lim\limits_{z\to 1-\mathrm{i}}\dfrac{\bar{z}}{z}$;　(2) $\lim\limits_{z\to 1}\dfrac{z\bar{z}-\bar{z}+5z-5}{z-1}$;　(3) $\lim\limits_{z\to \mathrm{i}}\dfrac{\bar{z}-1}{z+2}$.

9.3 傅里叶变换的概念

我们知道:音调的高低是声音频率特征的体现,电视频道的划分也是由电视信号的频率特性所决定的.在工程技术中,为了简化系统的求解,揭示信号与系统的频率特性,使人们对信号与系统的性质有更进一步的理解,需要把输入信号在频率域上进行分析.

例如,单边指数信号(或称指数衰减信号)$f(t)=\begin{cases}0 & (t<0)\\ e^{-\beta t} & (t\geqslant 0)\end{cases}$是工程技术中经常碰到的一个函数,其频谱函数是什么?为了求解这个问题,需要引入傅里叶变换的概念.下面先介绍傅里叶级数的复指数形式.

9.3.1 傅里叶级数的复指数形式

我们知道,以周期为 T 的函数 $f(t)$ 的傅里叶级数为

$$f(t)=\frac{a_0}{2}+\sum_{n=1}^{\infty}(a_n\cos n\omega t+b_n\sin n\omega t)$$

利用欧拉公式 $e^{i\theta}=\cos\theta+i\sin\theta$,有

$$\cos\theta=\frac{e^{i\theta}+e^{-i\theta}}{2},\quad \sin\theta=\frac{e^{i\theta}-e^{-i\theta}}{2i}=-i\,\frac{e^{i\theta}-e^{-i\theta}}{2},$$

从而傅里叶级数可表示为

$$\begin{aligned}f(t)&=\frac{a_0}{2}+\sum_{n=1}^{\infty}\left(a_n\,\frac{e^{in\omega t}+e^{-in\omega t}}{2}-ib_n\,\frac{e^{in\omega t}-e^{-in\omega t}}{2}\right)\\&=\frac{a_0}{2}+\sum_{n=1}^{\infty}\left(\frac{a_n-ib_n}{2}e^{in\omega t}+\frac{a_n+ib_n}{2}e^{-in\omega t}\right)\\&=c_0+\sum_{n=1}^{\infty}(c_n e^{in\omega t}+c_{-n}e^{-in\omega t}),\end{aligned}$$

其中, $$c_0=\frac{a_0}{2},\quad c_n=\frac{a_n-ib_n}{2},\quad c_{-n}=\frac{a_n+ib_n}{2}\quad (n=1,2,\cdots).$$

由于 $$a_n=\frac{2}{T}\int_{-\frac{T}{2}}^{\frac{T}{2}}f(t)\cos n\omega t\,dt\quad (n=0,1,2,\cdots),$$

$$b_n=\frac{2}{T}\int_{-\frac{T}{2}}^{\frac{T}{2}}f(t)\sin n\omega t\,dt\quad (n=0,1,2,\cdots),$$

故 $$c_0=\frac{1}{T}\int_{-\frac{T}{2}}^{\frac{T}{2}}f(t)\,dt,\quad c_n=\frac{1}{T}\int_{-\frac{T}{2}}^{\frac{T}{2}}f(t)e^{-in\omega t}\,dt,$$

$$c_{-n}=\frac{1}{T}\int_{-\frac{T}{2}}^{\frac{T}{2}}f(t)e^{in\omega t}\,dt\quad (n=0,1,2,\cdots).$$

把 c_0,c_n,c_{-n} 写成统一形式,即

$$c_n = \frac{1}{T}\int_{-\frac{T}{2}}^{\frac{T}{2}} f(t)\mathrm{e}^{-\mathrm{i}n\omega t}\mathrm{d}t \quad (n = 0, \pm 1, \pm 2, \cdots),$$

从而得到 $f(t)$ 的傅里叶级数的复指数形式为

$$f(t) = \sum_{n=-\infty}^{+\infty} c_n \mathrm{e}^{\mathrm{i}n\omega t}.$$

一般说来，傅里叶级数的复指数形式的系数 c_n 是一个复数，它的模为

$$|c_0| = \frac{|a_0|}{2}\ (n = 0), \quad |c_n| = \frac{|a_n - \mathrm{i}b_n|}{2} = \frac{1}{2}\sqrt{a_n^2 + b_n^2} \quad (n = \pm 1, \pm 2, \cdots).$$

9.3.2　傅里叶变换的定义

在工程技术中通常会遇到大量的非周期函数，下面首先来看周期函数与非周期函数之间的关系.

任给一个非周期函数 $f(t)$，构造以 T 为周期的函数 $f_T(t)$，使其在$[-T/2, T/2]$内等于 $f(t)$，而在$[-T/2, T/2]$之外按周期 T 延拓出去，如图 9-10 所示. 很明显，T 越大，$f_T(t)$ 与 $f(t)$ 相等的范围也越大，当 $T \to +\infty$ 时，$f_T(t)$ 就转化为 $f(t)$，即

$$\lim_{T\to+\infty} f_T(t) = f(t).$$

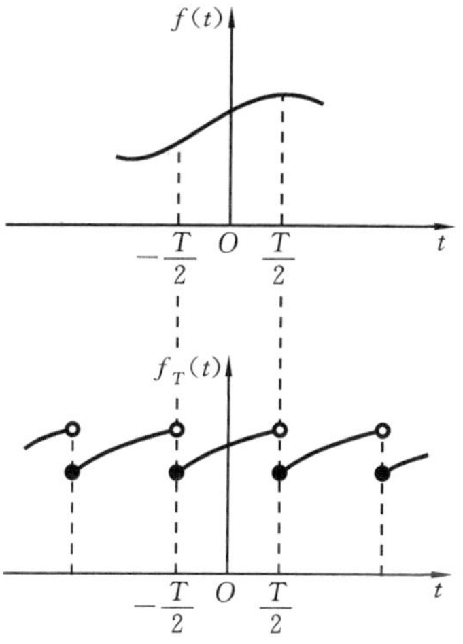

因为 $f_T(t)$ 是周期函数，把它在$[-T/2, T/2]$内展开成傅里叶级数，且设为

$$f_T(t) = \sum_{n=-\infty}^{+\infty} c_n \mathrm{e}^{\mathrm{i}n\omega t} = \sum_{n=-\infty}^{+\infty} c_n \mathrm{e}^{\mathrm{i}\omega_n t} \quad (\text{令 } n\omega = \omega_n),$$

其中

$$c_n = \frac{1}{T}\int_{-\frac{T}{2}}^{\frac{T}{2}} f_T(t)\mathrm{e}^{-\mathrm{i}\omega_n t}\mathrm{d}t \ (n = 0, \pm 1, \pm 2, \cdots).$$

图 9-10

令

$$\Delta\omega = \omega_n - \omega_{n-1} = n\omega - (n-1)\omega = \omega = 2\pi/T,$$

则当 $T \to +\infty$ 时，$\Delta\omega \to 0$.

把 c_n，$\Delta\omega$ 代入 $f_T(t)$ 的傅里叶级数，得

$$f_T(t) = \sum_{n=-\infty}^{+\infty}\left[\frac{1}{T}\int_{-\frac{T}{2}}^{\frac{T}{2}} f_T(t)\mathrm{e}^{-\mathrm{i}\omega_n t}\mathrm{d}t\right]\mathrm{e}^{\mathrm{i}\omega_n t} = \frac{1}{2\pi}\sum_{n=-\infty}^{+\infty}\left[\int_{-\frac{T}{2}}^{\frac{T}{2}} f_T(t)\mathrm{e}^{-\mathrm{i}\omega_n t}\mathrm{d}t\right]\mathrm{e}^{\mathrm{i}\omega_n t}\Delta\omega.$$

令 $T \to +\infty$（即 $\Delta\omega \to 0$），在上式两端取极限，得

$$f(t) = \lim_{\Delta\omega\to 0}\frac{1}{2\pi}\sum_{n=-\infty}^{+\infty}\left[\int_{-\frac{T}{2}}^{\frac{T}{2}} f_T(t)\mathrm{e}^{-\mathrm{i}\omega_n t}\mathrm{d}t\right]\mathrm{e}^{\mathrm{i}\omega_n t}\Delta\omega,$$

即

$$f(t) = \frac{1}{2\pi}\int_{-\infty}^{+\infty}\left[\int_{-\infty}^{+\infty} f(t)\mathrm{e}^{-\mathrm{i}\omega t}\mathrm{d}t\right]\mathrm{e}^{\mathrm{i}\omega t}\mathrm{d}\omega.$$

若设

$$F(\omega) = \int_{-\infty}^{+\infty} f(t)\mathrm{e}^{-\mathrm{i}\omega t}\mathrm{d}t, \text{则}$$

$$f(t)=\frac{1}{2\pi}\int_{-\infty}^{+\infty}F(\omega)\mathrm{e}^{-\mathrm{i}\omega t}\mathrm{d}\omega.$$

定义 如果函数 $f(t)$ 在区间 $(-\infty,+\infty)$ 内的任一有限区间满足狄利克雷条件,并且在整个数轴上绝对可积,即 $\int_{-\infty}^{+\infty}|f(t)|\mathrm{d}t$ 收敛,则称 $\int_{-\infty}^{+\infty}f(t)\mathrm{e}^{-\mathrm{i}\omega t}\mathrm{d}t$ 为函数 $f(t)$ 的傅里叶变换,记为

$$F(\omega)=\mathscr{F}[f(t)]=\int_{-\infty}^{+\infty}f(t)\mathrm{e}^{-\mathrm{i}\omega t}\mathrm{d}t.$$

称 $\frac{1}{2\pi}\int_{-\infty}^{+\infty}F(\omega)\mathrm{e}^{\mathrm{i}\omega t}\mathrm{d}\omega$ 为 $F(\omega)$ 的傅里叶逆变换,记为

$$f(t)=\mathscr{F}^{-1}[F(\omega)]=\frac{1}{2\pi}\int_{-\infty}^{+\infty}F(\omega)\,\mathrm{e}^{\mathrm{i}\omega t}\mathrm{d}\omega.$$

$F(\omega)$ 称为 $f(t)$ 的象函数,$f(t)$ 称为 $F(\omega)$ 的象原函数,象函数 $F(\omega)$ 与象原函数 $f(t)$ 构成一个傅里叶变换对.

例 1 求如图 9-11 所示的矩形脉冲函数的傅里叶变换.

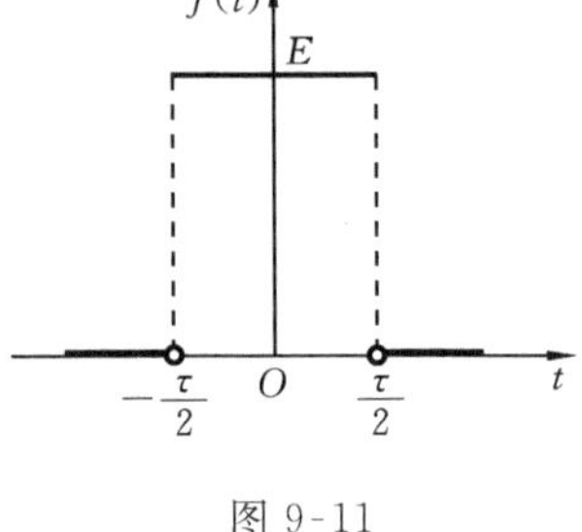

图 9-11

解 所给矩形脉冲函数的解析表达式为

$$f(t)=\begin{cases}E, & |t|\leqslant \tau/2,\\ 0, & |t|>\tau/2,\end{cases}$$

故
$$\begin{aligned}F(\omega)&=\int_{-\infty}^{+\infty}f(t)\mathrm{e}^{-\mathrm{i}\omega t}\mathrm{d}t=\int_{-\frac{\tau}{2}}^{\frac{\tau}{2}}E\mathrm{e}^{-\mathrm{i}\omega t}\mathrm{d}t\\&=-\frac{E}{\mathrm{i}\omega}(\mathrm{e}^{-\mathrm{i}\frac{\omega}{2}}-\mathrm{e}^{\mathrm{i}\frac{\omega\tau}{2}})=\frac{2E}{\omega}\sin\frac{\omega\tau}{2}.\end{aligned}$$

例 2 求单边指数函数

$$f(t)=\begin{cases}0, & t<0,\\ \mathrm{e}^{-\beta t}, & t\geqslant 0\end{cases}$$

的傅里叶变换,其中 $\beta>0$.

解 由傅里叶变换的定义,有

$$\begin{aligned}F(\omega)&=\int_{-\infty}^{+\infty}f(t)\mathrm{e}^{-\mathrm{i}\omega t}\mathrm{d}t=\int_{0}^{+\infty}\mathrm{e}^{-\beta t}\cdot\mathrm{e}^{-\mathrm{i}\omega t}\mathrm{d}t=\int_{0}^{+\infty}\mathrm{e}^{-(\beta+\mathrm{i}\omega)t}\mathrm{d}t\\&=\frac{1}{\beta+\mathrm{i}\omega}=\frac{\beta-\mathrm{i}\omega}{\beta^2+\omega^2}.\end{aligned}$$

9.3.3 几种典型非周期信号的频谱

由上分析可知,$F(\omega)$ 一般说来是一个复值函数,可以写为 $F(\omega)=|F(\omega)|\cdot\mathrm{e}^{-\mathrm{i}\varphi(\omega)}$,在非周期函数的频谱分析中,把 $F(\omega)$ 称为 $f(t)$ 的频谱函数;把 $|F(\omega)|$ 称为 $f(t)$ 的振幅频谱(简称频谱),它代表各频率分量的相对大小;把 $\varphi(\omega)$ 称为 $f(t)$ 的相位频谱,它表示各频率分量之间的相位关系.

由于　$F(\omega)=\int_{-\infty}^{+\infty}f(t)\mathrm{e}^{-\mathrm{i}\omega t}\mathrm{d}t=\int_{-\infty}^{+\infty}f(t)\cos t\mathrm{d}t-\mathrm{i}\int_{-\infty}^{+\infty}f(t)\sin\omega t\,\mathrm{d}t$,

所以

$$|F(\omega)|=\sqrt{\left[\int_{-\infty}^{+\infty}f(t)\cos\omega t\,\mathrm{d}t\right]^2+\left[\int_{-\infty}^{+\infty}f(t)\sin\omega t\,\mathrm{d}t\right]^2}.$$

显然，$|F(-\omega)|=|F(\omega)|$，即振幅频谱 $|F(\omega)|$ 是频率 ω 的偶函数.

由定义知，相位频谱的正切

$$\tan\varphi(\omega)=\frac{\int_{-\infty}^{+\infty}f(t)\sin\omega t\,\mathrm{d}t}{\int_{-\infty}^{+\infty}f(t)\cos\omega t\,\mathrm{d}t}.$$

下面来讨论几个典型的非周期信号的频谱.

1. 矩形脉冲信号

矩形脉冲信号 $f(t)=\begin{cases}E, & |t|\leqslant\tau/2,\\ 0, & |t|>\tau/2,\end{cases}$ 其图形如图 9-12(a) 所示，由例 1 可知，其傅里叶变换 $F(\omega)=\dfrac{2E}{\omega}\sin\dfrac{\omega\tau}{2}$ 是一个实函数，所以

$$|F(\omega)|=2E\left|\frac{\sin\frac{\omega\tau}{2}}{\omega}\right|$$

其中，$\tau>0$. $F(\omega)$ 与 $|F(\omega)|$ 的图形如图 9-12(b)、(c) 所示.

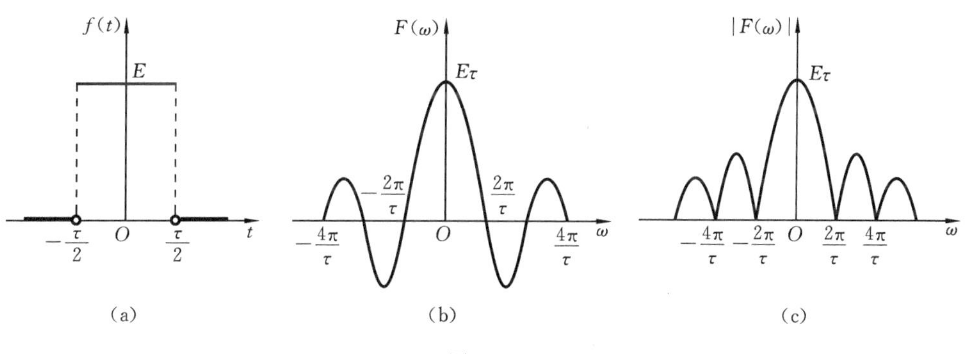

图 9-12

2. 单边指数信号

单边指数信号 $f(t)=\begin{cases}0, & t<0,\\ \mathrm{e}^{-\beta t}, & t\geqslant 0,\end{cases}$ 其图形如图 9-13(a) 所示. 由例 2 可知，其傅里叶变换为 $F(\omega)=\dfrac{\beta-\mathrm{i}\omega}{\beta^2+\omega^2}$，所以

$$|F(\omega)|\ \frac{1}{\sqrt{\beta^2+\omega^2}},\quad \varphi(\omega)=\arctan\frac{\omega}{\beta},$$

其中，$\beta>0$. $|F(\omega)|$ 的图形如图 9-13(b) 所示.

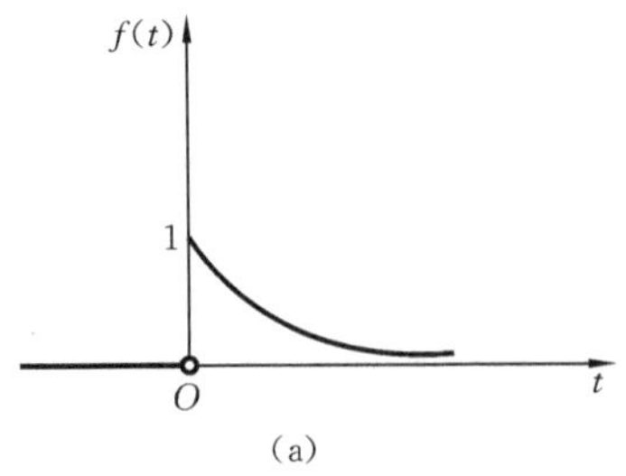

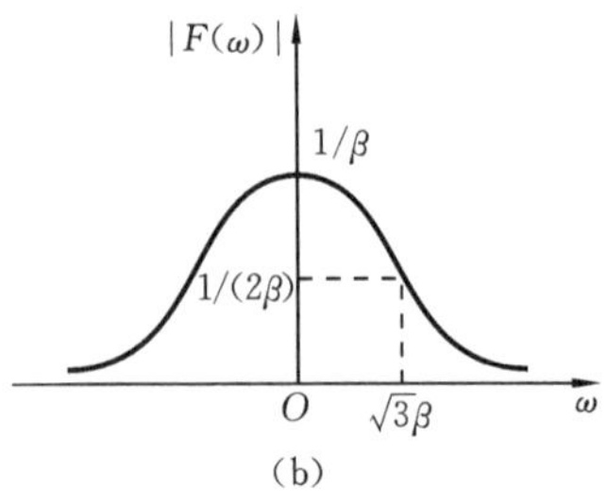

图 9-13

3. 双边指数信号

双边指数信号 $f(t)=\mathrm{e}^{-\beta|t|}\,(\beta>0)$，其图形如图 9-14(a) 所示，其傅里叶变换

$$F(\omega)=\int_{-\infty}^{+\infty}f(t)\mathrm{e}^{-\mathrm{i}\omega t}\mathrm{d}t=\int_{-\infty}^{+\infty}\mathrm{e}^{-\beta|t|}\cdot\mathrm{e}^{-\mathrm{i}\omega t}\mathrm{d}t=\int_{-\infty}^{+\infty}\mathrm{e}^{-\beta|t|}(\cos\omega t-\mathrm{i}\sin\omega t)\mathrm{d}t$$

$$=2\int_{0}^{+\infty}\mathrm{e}^{-\beta t}\cos\omega t\,\mathrm{d}t=\frac{2\beta}{\beta^2+\omega^2}$$

是一个实函数，所以 $|F(\omega)|=\dfrac{2\beta}{\beta^2+\omega^2}$，其中，$\beta>0$.

$F(\omega)$ 的图形如图 9-14(b) 所示.

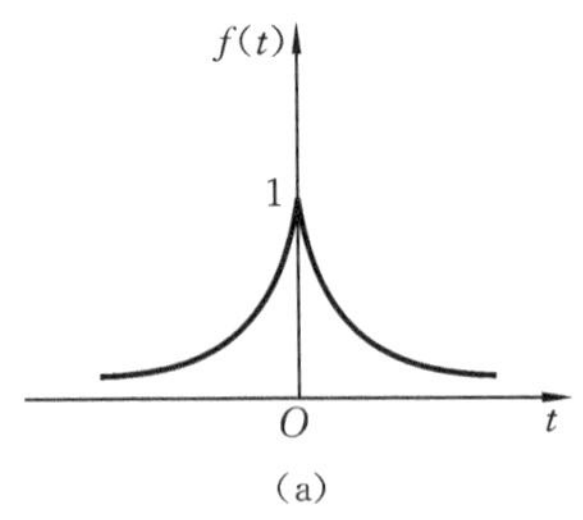

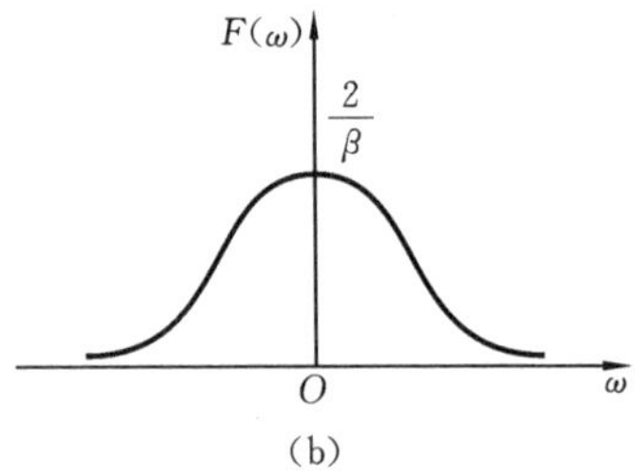

图 9-14

4. 钟形脉冲信号

钟形脉冲也称为高斯脉冲，$f(t)=E\mathrm{e}^{-\beta t^2}\,(\beta>0)$，其图形如图 9-15(a) 所示，其傅里叶变换

$$F(\omega)=\int_{-\infty}^{+\infty}f(t)\mathrm{e}^{-\mathrm{i}\omega t}\mathrm{d}t=E\int_{-\infty}^{+\infty}\mathrm{e}^{-\beta t^2}\mathrm{e}^{-\mathrm{i}\omega t}\mathrm{d}t=E\int_{-\infty}^{+\infty}\mathrm{e}^{-\beta t^2}(\cos\omega t-\mathrm{i}\sin\omega t)\mathrm{d}t$$

$$=2E\int_{0}^{+\infty}\mathrm{e}^{-\beta t^2}\cos\omega t\,\mathrm{d}t=\sqrt{\frac{\pi}{\beta}}E\mathrm{e}^{-\frac{\omega^2}{4\beta}}\quad(\text{查表})$$

是一个正实函数，所以

$$|F(\omega)|=\sqrt{\frac{\pi}{\beta}}E\mathrm{e}^{-\frac{\omega^2}{4\beta}},$$

其中，$\beta>0$. $F(\omega)$ 的图形如图 9-15(b) 所示.

5. 单位脉冲函数及其频谱

δ 函数具有抽样特性，即如果 $f(t)$ 为任意阶可微函数，则

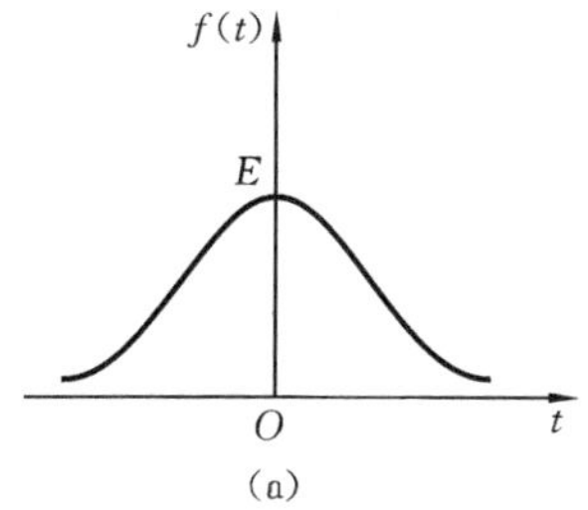

(a)

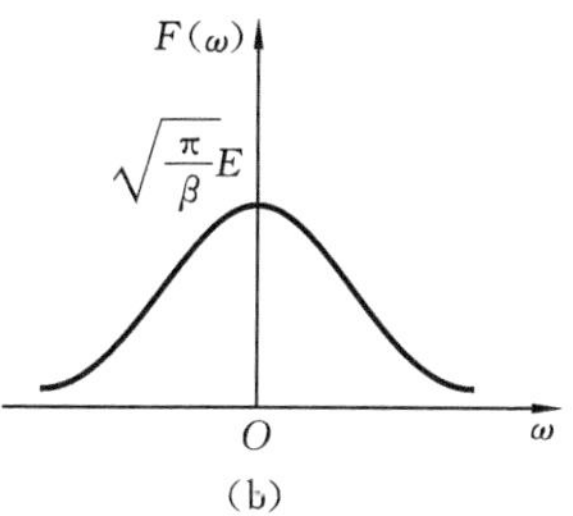

(b)

图 9-15

$$\int_{-\infty}^{+\infty}\delta(t)f(t)\mathrm{d}t = f(0).$$

更一般地，有

$$\int_{-\infty}^{+\infty}\delta(t-t_0)f(t)\mathrm{d}t = \int_{-\infty}^{+\infty}\delta(u)f(u+t_0)\mathrm{d}u = f(0+t_0) = f(t_0).$$

δ 函数的傅里叶变换为

$$\begin{aligned}F(\omega) &= \int_{-\infty}^{+\infty}\delta(t)\mathrm{e}^{-\mathrm{i}\omega t}\mathrm{d}t = \int_0^{\varepsilon}\lim_{\varepsilon\to 0}\frac{1}{\varepsilon}\mathrm{e}^{-\mathrm{i}\omega t}\mathrm{d}t = \lim_{\varepsilon\to 0}\frac{1}{\varepsilon}\int_0^{\varepsilon}(\cos\omega t - \mathrm{i}\sin\omega t)\mathrm{d}t\\ &= \lim_{\varepsilon\to 0}\frac{1}{\varepsilon}\left(\frac{1}{\omega}\sin\omega t + \frac{\mathrm{i}}{\omega}\cos\omega t\right)\Bigg|_0^{\varepsilon} = \frac{1}{\omega}\lim_{\varepsilon\to 0}\left(\frac{\sin\omega\varepsilon}{\varepsilon} + \mathrm{i}\,\frac{\cos\omega\varepsilon - 1}{\varepsilon}\right)\\ &= \frac{1}{\omega}(\omega + \mathrm{i}\cdot 0) = 1,\end{aligned}$$

所以 $|F(\omega)| = 1$.

单位脉冲函数是工程上一个非常重要的函数，它可以反映一类时间极短、但取值极大的物理现象，例如瞬时作用的冲击力、雷击电闪、抽样脉冲等.

6. 单位阶跃函数的频谱

单位阶跃函数 $u(t) = \begin{cases}0, & t < 0,\\ 1, & t \geqslant 0,\end{cases}$ 其图形如图 9-16(a) 所示，可以证明其傅里叶变换为 $F(\omega) = \dfrac{1}{\mathrm{i}\omega} + \pi\delta(\omega)$.

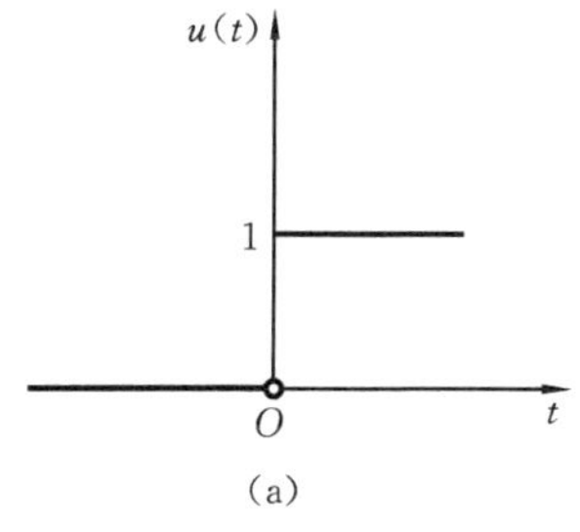

(a)

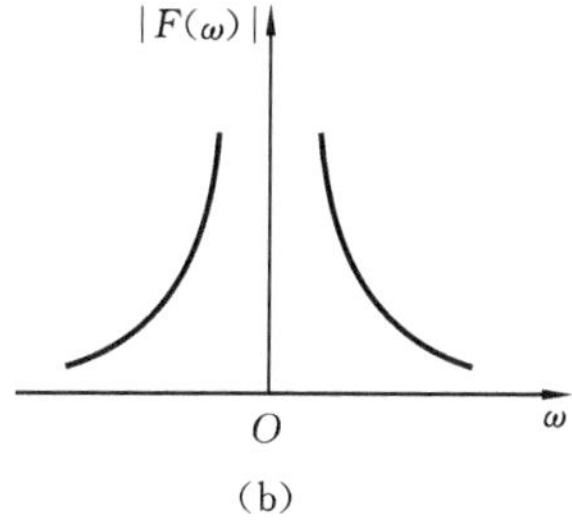

(b)

图 9-16

事实上，若 $F(\omega) = \dfrac{1}{\mathrm{i}\omega} + \pi\delta(\omega)$，则由傅里叶逆变换可得

$$f(t)=\frac{1}{2\pi}\int_{-\infty}^{+\infty}F(\omega)\mathrm{e}^{\mathrm{i}\omega t}\mathrm{d}\omega=\frac{1}{2\pi}\left[\int_{-\infty}^{+\infty}\frac{1}{\mathrm{i}\omega}\mathrm{e}^{\mathrm{i}\omega t}\mathrm{d}\omega+\int_{-\infty}^{+\infty}\pi\delta(\omega)\mathrm{e}^{\mathrm{i}\omega t}\mathrm{d}\omega\right]$$
$$=\frac{1}{2\pi}\int_{-\infty}^{+\infty}\frac{1}{\mathrm{i}\omega}(\cos\omega t+\mathrm{i}\sin\omega t)\mathrm{d}\omega+\frac{\pi}{2\pi}\mathrm{e}^{\mathrm{i}\cdot 0}$$
$$=\frac{1}{2\pi}\int_{-\infty}^{+\infty}\frac{\sin\omega t}{\omega}\mathrm{d}\omega+\frac{1}{2}=\frac{1}{\pi}\int_{0}^{+\infty}\frac{\sin\omega t}{\omega}\mathrm{d}\omega+\frac{1}{2}.$$

利用结果$\int_{0}^{+\infty}\frac{\sin x}{x}\mathrm{d}x=\frac{\pi}{2}$可得出如下结论.

当$t>0$时,令$\omega t=x$,则$\mathrm{d}\omega=\frac{\mathrm{d}x}{t}$,且

$$f(t)=\frac{1}{\pi}\int_{0}^{+\infty}\frac{\sin x}{x}\mathrm{d}x+\frac{1}{2}=\frac{1}{\pi}\times\frac{\pi}{2}+\frac{1}{2}=1.$$

当$t<0$时,令$-\omega t=x$,则$\mathrm{d}\omega=-\frac{1}{t}\mathrm{d}x$,且

$$f(t)=\frac{1}{\pi}\int_{0}^{+\infty}\frac{\sin(-x)}{x}\mathrm{d}x=-\frac{1}{\pi}\int_{0}^{+\infty}\frac{\sin x}{x}\mathrm{d}x+\frac{1}{2}=-\frac{1}{\pi}\times\frac{\pi}{2}+\frac{1}{2}=0,$$

即
$$f(t)=u(t).$$

故$u(t)$的傅里叶变换为$\frac{1}{\mathrm{i}\omega}+\pi\delta(\omega)$,所以

$$|F(\omega)|=\left|\frac{1}{\mathrm{i}\omega}\right|=\left|\frac{1}{\omega}\right|,$$

其图形如图 9-16(b) 所示.

可以证明,单位阶跃函数$u(t)$与单位脉冲函数有如下关系:

(1) $u'(t)=\delta(t)$;　　(2) $\int_{-\infty}^{t}\delta(t)\mathrm{d}t=u(t)$.

类似地,可以证明以下结果:$f(t)\equiv 1$的傅里叶变换为

$$F(\omega)=2\pi\delta(\omega).$$

这是因为,若$\mathscr{F}[f(t)]=2\pi\delta(\omega)$,则

$$f(t)=\frac{1}{2\pi}\int_{-\infty}^{+\infty}F(\omega)\mathrm{e}^{\mathrm{i}\omega t}\mathrm{d}\omega=\frac{1}{2\pi}\int_{-\infty}^{+\infty}2\pi\delta(\omega)\mathrm{e}^{\mathrm{i}\omega t}\mathrm{d}\omega=\int_{-\infty}^{+\infty}\delta(\omega)\mathrm{e}^{\mathrm{i}\omega t}\mathrm{d}\omega=\mathrm{e}^{\mathrm{i}\omega t}\big|_{\omega=0}=1.$$

练　习　9.3

求下列函数的傅里叶变换.

(1) $f(t)=\begin{cases}0, & -\infty<t<-1,\\ -1, & -1\leqslant t<0,\\ 1, & 0\leqslant t\leqslant 1,\\ 0, & 1<t<+\infty;\end{cases}$　　(2) $f(t)=\begin{cases}A, & A\neq 0,0\leqslant t<2,\\ 0, & \text{其他};\end{cases}$

(3) $f(t)=\begin{cases}1, & |t|\leqslant 1,\\ 0, & |t|>1.\end{cases}$

9.4　傅里叶变换的性质

为了加深对函数 $f(t)$ 与频谱函数 $F(\omega)$ 之间的对应关系及转换规律的理解，本节讨论傅里叶变换的基本性质.

9.4.1　线性性质

设 $F_1(\omega)=\mathscr{F}[f_1(t)]$，$F_2(\omega)=\mathscr{F}[f_2(t)]$，$\alpha$，$\beta$ 是常数，则

$$\mathscr{F}[\alpha f_1(t)+\beta f_2(t)]=\alpha F_1(\omega)+\beta F_2(\omega).$$

证　根据傅里叶变换的定义，有

$$\begin{aligned}\mathscr{F}[\alpha f_1(t)+\beta f_2(t)]&=\int_{-\infty}^{+\infty}[\alpha f_1(t)+\beta f_2(t)]\mathrm{e}^{-\mathrm{i}\omega t}\mathrm{d}t\\&=\alpha\int_{-\infty}^{+\infty}f_1(t)\mathrm{e}^{-\mathrm{i}\omega t}\mathrm{d}t+\beta\int_{-\infty}^{+\infty}f_2(t)\mathrm{e}^{-\mathrm{i}\omega t}\mathrm{d}t\\&=\alpha F_1(\omega)+\beta F_2(\omega).\end{aligned}$$

此结论可推广到任意有限个函数的情形，即设 $F_i(\omega)=\mathscr{F}[f_i(t)]$，$\alpha_i\ (i=1,2,\cdots,n)$ 为常数，则

$$\mathscr{F}\Big[\sum_{i=1}^{n}\alpha_i f_i(t)\Big]=\sum_{i=1}^{n}\alpha_i F_i(\omega).$$

这个性质表明，傅里叶变换是一种线性运算，它满足叠加原理，所以相加信号的频谱等于各个单独信号的频谱的和.

9.4.2　位移性质

1. 时移特性

设 $\mathscr{F}[f(t)]=F(\omega)$，$t_0$ 为常数，则 $\mathscr{F}[f(t-t_0)]=F(\omega)\mathrm{e}^{-\mathrm{i}\omega t_0}$.

证　因为 $\mathscr{F}[f(t-t_0)]=\int_{-\infty}^{+\infty}f(t-t_0)\mathrm{e}^{-\mathrm{i}\omega t}\mathrm{d}t$，令 $t-t_0=x$，则 $t=t_0+x$，$\mathrm{d}x=\mathrm{d}t$，所以

$$\mathscr{F}[f(t-t_0)]=\int_{-\infty}^{+\infty}f(x)\mathrm{e}^{-\mathrm{i}\omega(t_0+x)}\mathrm{d}x=\mathrm{e}^{-\mathrm{i}\omega t_0}\int_{-\infty}^{+\infty}f(x)\mathrm{e}^{-\mathrm{i}\omega x}\mathrm{d}x=F(\omega)\mathrm{e}^{-\mathrm{i}\omega t_0}.$$

这个性质表明，信号 $f(t)$ 在时域中沿时间轴右移（延长 t_0）的傅里叶变换，等效于在频谱中乘以因子 $\mathrm{e}^{-\mathrm{i}\omega t_0}$，即信号右移后，其振幅频谱不变，而相位频谱产生附加变化 $-\omega t_0$. 同理，可得

$$\mathscr{F}[f(t+t_0)]=F(\omega)\mathrm{e}^{\mathrm{i}\omega t_0}.$$

例如，$\mathscr{F}[\delta(t)]=1$，得 $\mathscr{F}[\delta(t-t_0)]=\mathrm{e}^{-\mathrm{i}\omega t_0}$.

例 1　求矩形单脉冲 $f(t)=\begin{cases}E, & E\neq 0,0\leqslant t\leqslant\tau,\\ 0, & \text{其他}\end{cases}$ 的频谱函数.

解 注意到该函数是经矩形脉冲信号

$$f_1(t)=\begin{cases}E, & |t|\leqslant \tau/2,\\ 0, & |t|>\tau/2\end{cases}$$

向右平移 $\tau/2$ 所得，即 $f(t)=f_1(t-\tau/2)$. 而已求得 $f_1(t)$ 的频谱函数 $F_1(\omega)=\dfrac{2E}{\omega}\sin\dfrac{\omega\tau}{2}$，由平移性质，有

$$F(\omega)=\mathscr{F}[f(t)]=\mathscr{F}[f_1(t-\tau/2)]=F_1(\omega)\mathrm{e}^{-\mathrm{i}\omega\frac{\tau}{2}}=\mathrm{e}^{-\mathrm{i}\omega\frac{\tau}{2}}\frac{2E}{\omega}\sin\frac{\omega\tau}{2},$$

容易看出，

$$|F(\omega)|=\frac{2E}{|\omega|}\left|\sin\frac{\omega\tau}{2}\right|=|F_1(\omega)|.$$

2. 频移特性

若 $\mathscr{F}[f(t)]=F(\omega)$，$\omega_0$ 为常数，则 $\mathscr{F}[f(t)\mathrm{e}^{\mathrm{i}\omega_0 t}]=F(\omega-\omega_0)$.

证 $\mathscr{F}[f(t)\mathrm{e}^{\mathrm{i}\omega_0 t}]=\displaystyle\int_{-\infty}^{+\infty}f(t)\mathrm{e}^{\mathrm{i}\omega_0 t}\mathrm{e}^{-\mathrm{i}\omega t}\mathrm{d}t=\int_{-\infty}^{+\infty}f(t)\mathrm{e}^{-\mathrm{i}(\omega-\omega_0)t}\mathrm{d}t=F(\omega-\omega_0).$

这一性质表明：时间信号 $f(t)$ 乘以因子 $\mathrm{e}^{\mathrm{i}\omega_0 t}$ 的傅里叶变换等效于 $f(t)$ 的频谱 $F(\omega)$ 沿频率轴右移 ω_0，这称为频谱搬移.

同理，可得

$$\mathscr{F}[f(t)\mathrm{e}^{-\mathrm{i}\omega_0 t}]=F(\omega+\omega_0).$$

例如，由 $\mathscr{F}[1]=2\pi\delta(\omega)$ 得

$$\mathscr{F}[\mathrm{e}^{\mathrm{i}\omega_0 t}]=2\pi\delta(\omega-\omega_0),\quad \mathscr{F}[\mathrm{e}^{-\mathrm{i}\omega_0 t}]=2\pi\delta(\omega+\omega_0).$$

由欧拉公式及线性性质，有

$$\begin{aligned}\mathscr{F}[f(t)\cos\omega_0 t]&=\mathscr{F}\left[f(t)\frac{\mathrm{e}^{\mathrm{i}\omega_0 t}+\mathrm{e}^{-\mathrm{i}\omega_0 t}}{2}\right]=\frac{1}{2}\mathscr{F}[f(t)\mathrm{e}^{\mathrm{i}\omega_0 t}]+\frac{1}{2}\mathscr{F}[f(t)\mathrm{e}^{-\mathrm{i}\omega_0 t}]\\&=\frac{1}{2}F(\omega-\omega_0)+\frac{1}{2}F(\omega+\omega_0),\end{aligned}$$

即

$$\mathscr{F}[f(t)\cos\omega_0 t]=\frac{1}{2}[F(\omega+\omega_0)+F(\omega-\omega_0)].$$

同理，可得 $\mathscr{F}[f(t)\sin\omega_0 t]=\dfrac{\mathrm{i}}{2}[F(\omega+\omega_0)-F(\omega-\omega_0)].$

这一性质表明：时间信号 $f(t)$ 乘以 $\cos\omega_0 t$ 或 $\sin\omega_0 t$ 的傅里叶变换等效于 $f(t)$ 的频谱一分为二，沿频率轴向左和向右各平移 ω_0.

例 2 求 $f(t)=\sin\omega_0 t u(t)$ 的傅里叶变换.

解 由 $F(\omega)=\mathscr{F}[u(t)]=\dfrac{1}{\mathrm{i}\omega}+\pi\delta(\omega)$ 可知

$$\begin{aligned}\mathscr{F}[\sin\omega_0 t u(t)]&=\frac{\mathrm{i}}{2}[F(\omega+\omega_0)-F(\omega-\omega_0)]\\&=\frac{\mathrm{i}}{2}\left[\frac{1}{\mathrm{i}(\omega+\omega_0)}+\pi\delta(\omega+\omega_0)-\frac{1}{\mathrm{i}(\omega-\omega_0)}-\pi\delta(\omega-\omega_0)\right]\\&=\frac{\omega_0}{\omega_0^2-\omega^2}+\frac{\mathrm{i}\pi}{2}[\delta(\omega+\omega_0)-\delta(\omega-\omega_0)].\end{aligned}$$

9.4.3　微分性质

若 $|t| \to +\infty$ 时，$f(t) \to 0$，且 $f(t)$ 只有有限个可去间断点，则

$$F[f'(t)] = \mathrm{i}\omega\mathscr{F}[f(t)].$$

证　$\mathscr{F}[f'(t)] = \int_{-\infty}^{+\infty} f'(t)\mathrm{e}^{-\mathrm{i}\omega t}\mathrm{d}t = \int_{-\infty}^{+\infty} \mathrm{e}^{-\mathrm{i}\omega t}\mathrm{d}f(t) = \mathrm{e}^{-\mathrm{i}\omega t}f(t)\Big|_{-\infty}^{+\infty} - \int_{-\infty}^{+\infty} f(t)\mathrm{d}\mathrm{e}^{-\mathrm{i}\omega t}$

$$= \mathrm{i}\omega\int_{-\infty}^{+\infty} f(t)\mathrm{e}^{-\mathrm{i}\omega t}\mathrm{d}t = \mathrm{i}\omega\mathscr{F}[f(t)].$$

推论　若 $|t| \to +\infty$ 时，$f^{(k)}(t) \to 0$，且 $f^{(k)}(t)$ $(k = 1,2,\cdots,n-1)$ 只有有限个可去间断点，则 $\mathscr{F}[f^{(k)}(t)] = (\mathrm{i}\omega)^k\mathscr{F}[f(t)]$.（可用数学归纳法证明，证略）

同样，可得象函数的导数公式.

设 $\mathscr{F}[f(t)] = F(\omega)$，则

$$\frac{\mathrm{d}}{\mathrm{d}\omega}F(\omega) = \frac{\mathrm{d}}{\mathrm{d}\omega}\left[\int_{-\infty}^{+\infty} f(t)\mathrm{e}^{-\mathrm{i}\omega t}\mathrm{d}t\right] = \int_{-\infty}^{+\infty} \frac{\mathrm{d}}{\mathrm{d}\omega}[f(t)\mathrm{e}^{-\mathrm{i}\omega t}]\mathrm{d}t$$

$$= -\mathrm{i}\int_{-\infty}^{+\infty} tf(t)\mathrm{e}^{-\mathrm{i}\omega t}\mathrm{d}t = -\mathrm{i}\mathscr{F}[tf(t)],$$

更一般地，有

$$\frac{\mathrm{d}^n}{\mathrm{d}\omega^n}F(\omega) = (-\mathrm{i})^n\mathscr{F}[t^n f(t)].$$

例 3　已知 $\mathscr{F}[f(t)] = F(\omega)$，求下列函数的傅里叶变换.

(1) $f'(2+t)$；　　(2) $(t-2)f(t)$.

解　(1) $\mathscr{F}[f'(2+t)] = \mathrm{i}\omega\mathscr{F}[f(2+t)] = \mathrm{i}\omega F(\omega)\mathrm{e}^{\mathrm{i}\omega\cdot 2} = \mathrm{i}\omega\mathrm{e}^{2\omega\mathrm{i}}F(\omega)$.

(2) 由傅里叶变换的线性性质，有

$$\mathscr{F}[(t-2)f(t)] = \mathscr{F}[tf(t) - 2f(t)] = \mathscr{F}[tf(t)] - 2\mathscr{F}[f(t)],$$

而由傅里叶变换的微分性质，有

$$\mathscr{F}[tf(t)] = \frac{1}{\mathrm{i}}\frac{\mathrm{d}}{\mathrm{d}\omega}F(\omega) = \mathrm{i}F'(\omega),$$

所以
$$\mathscr{F}[(t-2)f(t)] = \mathrm{i}F'(\omega) - 2F(\omega).$$

9.4.4　积分性质

如果当 $|t| \to +\infty$ 时，$\int_{-\infty}^{t} f(t)\mathrm{d}t \to 0$，则

$$\mathscr{F}\left[\int_{-\infty}^{t} f(t)\mathrm{d}t\right] = \frac{1}{\mathrm{i}\omega}\mathscr{F}[f(t)].$$

证　由于 $\frac{\mathrm{d}}{\mathrm{d}t}\left[\int_{-\infty}^{t} f(t)\mathrm{d}t\right] = f(t)$，由微分性质，有

$$\mathscr{F}[f(t)] = \mathscr{F}\left[\frac{\mathrm{d}}{\mathrm{d}t}\int_{-\infty}^{t} f(t)\mathrm{d}t\right] = \mathrm{i}\omega\mathscr{F}\left[\int_{-\infty}^{t} f(t)\mathrm{d}t\right],$$

所以
$$\mathscr{F}\left[\frac{\mathrm{d}}{\mathrm{d}t}\int_{-\infty}^{t} f(t)\mathrm{d}t\right]=\mathrm{i}\omega\mathscr{F}[f(t)].$$

练 习 9.4

1. 求下列函数的傅里叶变换.

(1) $f(t)=\cos\omega_0 t\cdot u(t)$; (2) $f(t)=\mathrm{e}^{\mathrm{i}\omega_0 t}u(t)$;

(3) $f(t)=\mathrm{e}^{\mathrm{i}\omega_0 t}u(t-t_0)$; (4) $f(t)=\sin\omega_0 t$;

(5) $f(t)=\frac{1}{2}\left[\delta(t+a)+\delta(t-a)+\delta\left(t+\frac{a}{2}\right)+\delta\left(t-\frac{a}{2}\right)\right]$.

2. 设 $\mathscr{F}[f(t)]=F(\omega)$,$a$ 为非零常数,证明
$$\mathscr{F}[f(at)]=\frac{1}{|a|}F\left(\frac{\omega}{a}\right).$$

综合练习 9

一、判断题

1. 原点是复平面内直角坐标系的实轴与虚轴的公共点. ( )

2. 复平面内只有一个 ∞. ( )

3. 复数$\sqrt{3}\left(\cos\frac{\pi}{3}+\mathrm{i}\sin\frac{\pi}{3}\right)$的指数形式为 $\mathrm{e}^{\mathrm{i}\frac{\pi}{3}}$. ( )

4. 点集 $\mathrm{Re}z+\mathrm{Im}z\geqslant 1$ 是一个无界区域. ( )

5. 函数 $w=\frac{1}{z}$ 把 z 平面上的直线 $y=1$ 映射成 w 平面上的圆周 $u^2+\left(v+\frac{1}{2}\right)^2=\frac{1}{4}$. ( )

6. 非周期函数可看做周期 $T\to+\infty$ 的周期函数的极限. ( )

7. $\int_{-\infty}^{+\infty}\delta\left(t-\frac{\pi}{4}\right)\sin t\mathrm{d}t=\frac{\sqrt{2}}{2}$. ( )

8. $\mathscr{F}[\mathrm{e}^{\mathrm{i}\omega_0 t}u(t)]=\frac{1}{\mathrm{i}(\omega+\omega_0)}+\pi\delta(\omega+\omega_0)$. ( )

9. $\mathscr{F}[t\delta(t)]=0$. ( )

10. $\mathscr{F}[\sin\omega_0 t]=\pi[\pi(\omega+\omega_0)-\delta(\omega-\omega_0)]$. ( )

二、填空题

1. $\mathrm{i}^{2n-3}+\mathrm{i}^{2n-1}+\mathrm{i}^{2n+1}+\mathrm{i}^{2n+3}(n\in\mathbf{Z}^+)$的值为______.

2. $\cos150^\circ=\mathrm{i}\sin150^\circ$的模为______,指数形式为______.

3. 设 $z=x+\mathrm{i}y$,复变函数 $f(z)=\mathrm{e}^z$ 的 $f(z)=u(x,y)+\mathrm{i}(x,y)$形式为______.

4. $\mathscr{F}[\delta(t+a)+\delta(t+a)]=$______.

5. $\mathscr{F}[\cos^2 t]=$______.

6. 如果 $\mathscr{F}[f(t)]=F(\omega)$，则 $\mathscr{F}[f(t-a)]=$______，$\mathscr{F}[f'(t)]=$______.

7. $\mathscr{F}[t^2u(t)]=$______.

8. $\mathscr{F}[f(t)]=1$，则 $f(t)=$______.

三、解答题

1. 求下列函数的傅里叶变换.

(1) $f(t)=\begin{cases} e^{2it}, & 1<t<6, \\ 0, & 其他; \end{cases}$　　(2) $f(t)=e^{-it}u(t-2)$；

(3) $f(t)=\sin\left(5t+\dfrac{\pi}{3}\right)$；　　(4) $f(t)=tu(t)e^{-3it}$.

2. 求函数 $f(t)=\begin{cases} \cos t, & |t|\leqslant\pi, \\ 0, & |t|>\pi \end{cases}$ 的傅里叶变换，并证明

$$\int_0^{+\infty}\frac{\omega\sin\omega\pi\cos\omega t}{1-\omega^2}\mathrm{d}\omega=\begin{cases} \dfrac{\pi}{2}\cos t, & |t|\leqslant\pi, \\ 0, & |t|>\pi. \end{cases}$$

第 10 章　矩阵代数及其应用

10.1　二阶、三阶行列式

10.1.1　二阶行列式

例 1　解二元线性方程组

设二元线性方程组
$$\begin{cases} a_{11}x_1+a_{12}x_2=b_1, \\ a_{21}x_1+a_{22}x_2=b_2. \end{cases} \quad ①$$

解　用加减消元法解此方程组，得

$$\begin{cases} (a_{11}a_{22}-a_{12}a_{21})x_1=b_1a_{22}-b_2a_{12}, \\ (a_{11}a_{22}-a_{12}a_{21})x_2=b_2a_{11}-b_1a_{21}. \end{cases}$$

因此，当 $a_{11}a_{22}-a_{12}a_{21}\neq 0$ 时，则方程组①的解可写成

$$\begin{cases} x_1=\dfrac{b_1a_{22}-b_2a_{12}}{a_{11}a_{22}-a_{12}a_{21}}, \\ x_2=\dfrac{b_2a_{11}-b_1a_{21}}{a_{11}a_{22}-a_{12}a_{21}}. \end{cases} \quad ②$$

在解的表达式②中，分母都是 $a_{11}a_{22}-a_{12}a_{21}$，并且只含有未知量的系数，把未知量的系数按照它们在方程组中原来的位置排列成正方形，即

$$\begin{matrix} a_{11} & \searrow\!\!\!\swarrow & a_{12} \\ a_{21} & & a_{22} \end{matrix}$$

可以看出 $a_{11}a_{22}-a_{12}a_{21}$ 是这样两项的和：一项是正方形中实线表示的对角线上两元素的积，再添上正号；另一项是虚线表示的对角线上两元素的积，再添上负号．在这四个数的两侧各加一条竖线，引进符号

$$\begin{vmatrix} a_{11} & a_{12} \\ a_{21} & a_{22} \end{vmatrix}, \quad ③$$

并且规定它就是

$$\begin{vmatrix} a_{11} & a_{12} \\ a_{21} & a_{22} \end{vmatrix}=a_{11}a_{22}-a_{12}a_{21}. \quad ④$$

式③称为二阶行列式，式④的右边称为二阶行列式的展开式，a_{11}，a_{12}，a_{21}，a_{22} 称为行列式③的元素．这四个元素排成两行两列（横排叫行，竖排叫列）．利用对角线把二阶行列式③展开成式④，这种方法称为二阶行列式展开的对角线法则．

为了方便记忆，解的表达式②中的两个分子也可分别写成二阶行列式 $\begin{vmatrix} b_1 & a_{12} \\ b_2 & a_{22} \end{vmatrix}$ 和 $\begin{vmatrix} a_{11} & b_1 \\ a_{21} & b_2 \end{vmatrix}$，这样当 $\begin{vmatrix} a_{11} & a_{12} \\ a_{21} & a_{22} \end{vmatrix} \neq 0$ 时，线性方程组①的解可以写成

$$\begin{cases} x_1 = \begin{vmatrix} b_1 & a_{12} \\ b_2 & a_{22} \end{vmatrix} \Big/ \begin{vmatrix} a_{11} & a_{12} \\ a_{21} & a_{22} \end{vmatrix}, \\ x_2 = \begin{vmatrix} a_{11} & b_1 \\ a_{21} & b_2 \end{vmatrix} \Big/ \begin{vmatrix} a_{11} & a_{12} \\ a_{21} & a_{22} \end{vmatrix}. \end{cases} \tag{⑤}$$

为简便起见，通常用 D, D_1, D_2 分别表示式⑤中作为分母和分子的行列式，即

$$D = \begin{vmatrix} a_{11} & a_{12} \\ a_{21} & a_{22} \end{vmatrix}, \quad D_1 = \begin{vmatrix} b_1 & a_{12} \\ b_2 & a_{22} \end{vmatrix}, \quad D_2 = \begin{vmatrix} a_{11} & b_1 \\ a_{21} & b_2 \end{vmatrix}.$$

行列式 D 是由方程组①中未知量 x_1, x_2 的系数组成的，称为这个方程组的系数行列式. 当线性方程组①的系数行列式 $D \neq 0$ 时，它的唯一解的公式是

$$\begin{cases} x_1 = D_1/D, \\ x_2 = D_2/D. \end{cases}$$

例 2　计算下列行列式.

(1) $\begin{vmatrix} 3 & -2 \\ 1 & 5 \end{vmatrix}$；　　(2) $\begin{vmatrix} \sin\alpha & \cos\alpha \\ -\cos\alpha & \sin\alpha \end{vmatrix}$.

解　(1) $\begin{vmatrix} 3 & -2 \\ 1 & 5 \end{vmatrix} = 35 - 1(-2) = 17$.

(2) $\begin{vmatrix} \sin\alpha & \cos\alpha \\ -\cos\alpha & \sin\alpha \end{vmatrix} = \sin^2\alpha - (-\cos^2\alpha) = \sin^2\alpha + \cos^2\alpha = 1$.

例 3　解二元线性方程组 $\begin{cases} 3x_1 + 4x_2 = 18, \\ x_1 - 3x_2 = -7. \end{cases}$

解　因为系数行列式

$$D = \begin{vmatrix} 3 & 4 \\ 1 & -3 \end{vmatrix} = -13 \neq 0, \quad D_1 = \begin{vmatrix} 18 & 4 \\ -7 & -3 \end{vmatrix} = -26, \quad D_2 = \begin{vmatrix} 3 & 18 \\ 1 & -7 \end{vmatrix} = -39,$$

则方程组的解是

$$x_1 = D_1/D = 2, \quad x_2 = D_2/D = 3.$$

10.1.2　三阶行列式

例 4　解三元线性方程组

$$\begin{cases} a_{11}x_1 + a_{12}x_2 + a_{13}x_3 = b_1, \\ a_{21}x_1 + a_{22}x_2 + a_{23}x_3 = b_2, \\ a_{31}x_1 + a_{32}x_2 + a_{33}x_3 = b_3. \end{cases} \tag{⑥}$$

解　解此方程组可依照例 1 的方法，得

$$\begin{cases} x_1=\dfrac{b_1a_{22}a_{33}+b_2a_{32}a_{13}+b_3a_{12}a_{23}-b_1a_{23}a_{32}-b_2a_{12}a_{33}-b_3a_{22}a_{13}}{a_{11}a_{22}a_{33}+a_{12}a_{23}a_{31}+a_{13}a_{21}a_{32}-a_{13}a_{22}a_{31}-a_{12}a_{21}a_{33}-a_{11}a_{23}a_{32}}, \\ x_2=\dfrac{b_1a_{31}a_{23}+b_2a_{11}a_{33}+b_3a_{21}a_{33}-b_1a_{21}a_{33}-b_2a_{13}a_{33}-b_3a_{23}a_{11}}{a_{11}a_{22}a_{33}+a_{12}a_{23}a_{31}+a_{13}a_{21}a_{32}-a_{13}a_{22}a_{31}-a_{12}a_{21}a_{33}-a_{11}a_{23}a_{32}}, \\ x_3=\dfrac{b_1a_{21}a_{32}+b_2a_{12}a_{31}+b_3a_{11}a_{22}-b_1a_{22}a_{31}-b_2a_{32}a_{11}-b_3a_{12}a_{21}}{a_{11}a_{22}a_{33}+a_{12}a_{23}a_{31}+a_{13}a_{21}a_{32}-a_{13}a_{22}a_{31}-a_{12}a_{21}a_{33}-a_{11}a_{23}a_{32}}. \end{cases} \quad ⑦$$

上式中的分母是一样的，都是由方程组⑥的未知量系数按这样的规律构成的：把未知量的系数按照它们在方程组中原来的位置排列成三行三列的正方形，即

$$\begin{matrix} a_{11} & a_{12} & a_{13} \\ a_{21} & a_{22} & a_{23} \\ a_{31} & a_{32} & a_{33} \end{matrix}$$

主对角线上的三个元素相乘，主对角线的平行线上 2 个元素与对角元素相乘，一共有三个乘积，都取正号；副对角线上的三个元素相乘，副对角线的平行线上两个元素与对角元素相乘，又有三个乘积，都取负号. 其运算规律可按如图 10-1 所示的方法来记忆.

在这九个数组成的正方形两侧各加上一条竖线，引进符号

$$\begin{vmatrix} a_{11} & a_{12} & a_{13} \\ a_{21} & a_{22} & a_{23} \\ a_{31} & a_{32} & a_{33} \end{vmatrix}, \quad ⑧$$

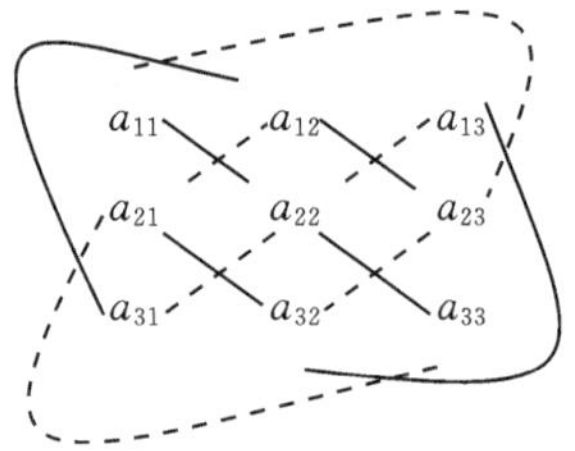

图 10-1

并且规定它就表示

$$a_{11}a_{22}a_{33}+a_{12}a_{23}a_{31}+a_{13}a_{21}a_{32}-a_{13}a_{22}a_{31}-a_{12}a_{21}a_{33}-a_{11}a_{23}a_{32}. \quad ⑨$$

式⑧称为三阶行列式，式⑨称为三阶行列式的展开式，把式⑧展开成式⑨的方法称为对角线法则.

由此，式⑦的 3 个分子可依次写成三阶行列式，即

$$D_1=\begin{vmatrix} b_1 & a_{12} & a_{13} \\ b_2 & a_{22} & a_{23} \\ b_3 & a_{32} & a_{33} \end{vmatrix}, \quad D_2=\begin{vmatrix} a_{11} & b_1 & a_{13} \\ a_{21} & b_2 & a_{23} \\ a_{31} & b_3 & a_{33} \end{vmatrix}, \quad D_1=\begin{vmatrix} a_{11} & a_{12} & b_1 \\ a_{21} & a_{22} & b_2 \\ a_{31} & a_{32} & b_3 \end{vmatrix}.$$

在系数行列式 $D\neq0$ 的条件下，方程组⑥的解可简写为

$$x_1=D_1/D, \quad x_2=D_2/D, \quad x_3=D_3/D.$$

例 5 计算 $D=\begin{vmatrix} 1 & 0 & -3 \\ 2 & 4 & 1 \\ -5 & 0 & 4 \end{vmatrix}$.

解
$$\begin{aligned} D &=1\times4\times4+2\times0\times(-3)+(-5)\times1\times0-(-3)\times4\times(-5) \\ &\quad -2\times0\times4-1\times0\times1 \\ &=-44. \end{aligned}$$

例 6　解三元线性方程组

$$\begin{cases}x_1+2x_2+x_3=0,\\2x_1-x_2+x_3=1,\\x_1-x_2-2x_3=3.\end{cases}$$

解　因为

$$D=\begin{vmatrix}1&2&1\\2&-1&1\\1&-1&-2\end{vmatrix}=2-2+2+1+1+8=12\neq0,$$

且

$$D_1=\begin{vmatrix}0&2&1\\1&-1&1\\3&-1&-2\end{vmatrix}=12,\quad D_2=\begin{vmatrix}1&0&1\\2&1&1\\1&3&-2\end{vmatrix}=0,\quad D_3=\begin{vmatrix}1&2&0\\2&-1&1\\1&-1&3\end{vmatrix}=-12,$$

则

$$x_1=\frac{D_1}{D}=1,\quad x_2=\frac{D_2}{D}=0,\quad x_3=\frac{D_3}{D}=-1.$$

练　习　10.1

1. 计算下列行列式.

(1) $\begin{vmatrix}-2&3\\-1&4\end{vmatrix}$；(2) $\begin{vmatrix}a&b^2\\c&b\end{vmatrix}$；(3) $\begin{vmatrix}-1&0&2\\3&-2&4\\5&9&0\end{vmatrix}$；(4) $\begin{vmatrix}a&0&b\\0&c&0\\d&0&0\end{vmatrix}$.

2. 用行列式解下列方程组.

(1) $\begin{cases}3x_1-2x_2=3,\\-4x_1+3x_2=-1;\end{cases}$　　(2) $\begin{cases}2x_1+3x_2=5,\\x_1-x_2=1;\end{cases}$

(3) $\begin{cases}2x_1+x_2=3,\\x_2-3x_3=1,\\x_1+2x_3=-1;\end{cases}$　　(4) $\begin{cases}x_1+2x_2+x_3=3,\\-2x_1+x_2-x_3=-3,\\x_1-4x_2+2x_3=-5.\end{cases}$

3. 解方程组 $\begin{vmatrix}x&3&4\\-1&x&0\\0&x&1\end{vmatrix}$.

*10.2　n 阶行列式

10.2.1　n 阶行列式的定义

定义 1　设有 n^2 个数，排成 n 行 n 列的数表

$$\begin{matrix} a_{11} & a_{12} & \cdots & a_{1n} \\ a_{21} & a_{22} & \cdots & a_{2n} \\ \vdots & \vdots & & \vdots \\ a_{n1} & a_{n2} & \cdots & a_{nn} \end{matrix}$$

在左、右两侧各加一条竖线,称为n阶行列式,记为

$$D=\begin{vmatrix} a_{11} & a_{12} & \cdots & a_{1n} \\ a_{21} & a_{22} & \cdots & a_{2n} \\ \vdots & \vdots & & \vdots \\ a_{n1} & a_{n2} & \cdots & a_{nn} \end{vmatrix}.$$

当 $n=1$ 时,$D_1=a_{11}$;

当 $n=2$ 时,$D_2=\begin{vmatrix} a_{11} & a_{12} \\ a_{21} & a_{22} \end{vmatrix}=a_{11}a_{22}-a_{12}a_{21}$;

当 $n\geqslant 2$ 时,$D_2=a_{i1}A_{i1}+a_{i2}A_{i2}+\cdots+a_{in}A_{in}=\sum\limits_{j=1}^{n}a_{ij}A_{ij}\ (i=1,2,\cdots,n)$.

在 D_n 中,a_{ij} 表示第 i 行第 j 列的元素,A_{ij} 表示元素 a_{ij} 的代数余子式,且 $A_{ij}=(-1)^{i+j}M_{ij}$,M_{ij} 是由 D_n 划去第 i 行第 j 列后余下的元素按照原来的顺序构成的 $n-1$阶行列式,称为元素 a_{ij} 的余子式.

例 1 已知行列式 $D_4=\begin{vmatrix} 1 & 0 & 5 & -8 \\ 3 & 2 & 4 & -5 \\ -3 & 0 & 5 & 6 \\ 2 & 7 & 0 & 1 \end{vmatrix}$,求元素 a_{23}的余子式和代数余子式.

解 元素 $a_{23}=4$ 的余子式即为划去第 2 行第 3 列的所有元素后的三阶行列式

$$M_{23}=\begin{vmatrix} 1 & 0 & -8 \\ -3 & 0 & 6 \\ 2 & 7 & 1 \end{vmatrix}$$

为元素 a_{23}的余子式,其代数余子式为

$$A_{23}=(-1)^{2+3}M_{23}=-\begin{vmatrix} 1 & 0 & -8 \\ -3 & 0 & 6 \\ 2 & 7 & 1 \end{vmatrix}.$$

例 2 用定义计算四阶行列式 $D_4=\begin{vmatrix} 2 & 3 & -1 & 0 \\ 1 & 6 & 0 & -2 \\ 0 & 1 & 3 & 4 \\ -2 & 5 & 0 & -1 \end{vmatrix}$.

解 由定义,将行列式按第 1 行展开,得

$$D_4=2\times(-1)^{1+1}\begin{vmatrix} 6 & 0 & -2 \\ 1 & 3 & 4 \\ 5 & 0 & -1 \end{vmatrix}+3\times(-1)^{1+2}\begin{vmatrix} 1 & 0 & -2 \\ 0 & 3 & 4 \\ -2 & 0 & -1 \end{vmatrix}$$

$$+(-1)\times(-1)^{1+3}\begin{vmatrix}1 & 6 & -2\\0 & 1 & 4\\-2 & 5 & -1\end{vmatrix}.$$

例 3　计算行列式 $D_4=\begin{vmatrix}1 & 0 & 0 & 0\\7 & 5 & 0 & 0\\6 & 2 & 1 & 0\\-1 & 5 & 3 & 1\end{vmatrix}$.

解　由于行列式第 1 行只有一个非零元素，所以按第 1 行展开，得

$$D_4=1\times(-1)^{1+1}\begin{vmatrix}5 & 0 & 0\\2 & 1 & 0\\5 & 3 & 1\end{vmatrix}\quad(\text{再按第 1 行展开})$$

$$=5\times(-1)^{1+1}\begin{vmatrix}1 & 0\\3 & 1\end{vmatrix}=5\times1=5.$$

像例 3 这样的行列式称为下三角行列式(主对角线以上的元素全是零)，且它就是等于主对角线上元素的乘积，即

$$\begin{vmatrix}a_{11} & 0 & \cdots & 0\\a_{21} & a_{22} & \ddots & \vdots\\\vdots & \ddots & \ddots & 0\\a_{n1} & \cdots & a_{n,n-1} & a_{nn}\end{vmatrix}=a_{11}a_{22}\cdots a_{nn}.$$

类似地，上三角行列式(主对角线以下的元素全是零)，对角行列式(除主对角线以外其余元素全是零)都有类似的结论，即

$$\begin{vmatrix}a_{11} & a_{12} & \cdots & a_{1n}\\0 & a_{22} & \ddots & \vdots\\\vdots & \ddots & \ddots & a_{n-1,n}\\0 & \cdots & 0 & a_{nn}\end{vmatrix}=a_{11}a_{22}\cdots a_{nn},$$

$$\begin{vmatrix}a_{11} & 0 & \cdots & 0\\0 & a_{22} & \ddots & \vdots\\\vdots & \ddots & \ddots & 0\\0 & \cdots & 0 & a_{nn}\end{vmatrix}=a_{11}a_{22}\cdots a_{nn}.$$

10.2.2　行列式的性质

利用行列式的定义，可以将 n 阶行列式表示成一些数与 $n-1$ 阶行列式的乘积的代数和，但是当 n 很大时，计算量也很大. 为了简化计算，下面介绍行列式的一些基本性质.

设
$$D=\begin{vmatrix}a_{11} & a_{12} & \cdots & a_{1n}\\a_{21} & a_{22} & \cdots & a_{2n}\\\vdots & \vdots & & \vdots\\a_{n1} & a_{n2} & \cdots & a_{nn}\end{vmatrix},$$

将行列式的行和列互换得到的新行列式记为

$$D^{\mathrm{T}}=\begin{vmatrix} a_{11} & a_{21} & \cdots & a_{n1} \\ a_{12} & a_{22} & \cdots & a_{n2} \\ \vdots & \vdots & & \vdots \\ a_{1n} & a_{2n} & \cdots & a_{nn} \end{vmatrix}.$$

行列式 D^{T} 称为行列式 D 的转置行列式.

性质 1 行列式与它的转置行列式相等,即 $D=D^{\mathrm{T}}$.

例如,行列式

$$D=\begin{vmatrix} 1 & 3 \\ -9 & 8 \end{vmatrix}=8+27=35, \quad D^{\mathrm{T}}=\begin{vmatrix} 1 & -9 \\ 3 & 8 \end{vmatrix}=8+27=35.$$

由性质 1 可知,行列式中的行与列具有同等的地位,行列式的性质凡是对行成立的对列也同样成立. 反之亦然.

性质 2 互换行列式的两行(列),行列式变号.

推论 1 如果行列式有两行(列)完全相同,则此行列式为零.

性质 3 行列式的某一行(列)中所有的元素都乘以同一个数 k,等于用数 k 乘此行列式,即

$$\begin{vmatrix} a_{11} & a_{12} & \cdots & a_{1n} \\ \vdots & \vdots & & \vdots \\ ka_{i1} & ka_{i2} & \cdots & ka_{in} \\ \vdots & \vdots & & \vdots \\ a_{n1} & a_{n2} & \cdots & a_{nn} \end{vmatrix}=k\begin{vmatrix} a_{11} & a_{12} & \cdots & a_{1n} \\ \vdots & \vdots & & \vdots \\ a_{i1} & a_{i2} & \cdots & a_{in} \\ \vdots & \vdots & & \vdots \\ a_{n1} & a_{n2} & \cdots & a_{nn} \end{vmatrix}.$$

推论 2 行列式的某一行(列)中所有的元素的公因子可以提到行列式符号的外面.

推论 3 如果行列式某行(列)的元素全为零,则行列式的值等于零.

性质 4 如果行列式中有两行(列)元素成比例,则此行列式为零.

性质 5 如果行列式的某一行(列)的元素都是两数之和,如行列式 D 的第 i 列的元素都是两数之和,即

$$D=\begin{vmatrix} a_{11} & a_{12} & \cdots & a_{1i}+a'_{1i} & \cdots & a_{1n} \\ a_{21} & a_{22} & \cdots & a_{2i}+a'_{2i} & \cdots & a_{2n} \\ \vdots & \vdots & & \vdots & & \vdots \\ a_{n1} & a_{n2} & \cdots & a_{ni}+a'_{ni} & \cdots & a_{nn} \end{vmatrix},$$

则 D 等于两个行列式之和,即

$$D=\begin{vmatrix} a_{11} & a_{12} & \cdots & a_{1i} & \cdots & a_{1n} \\ a_{21} & a_{22} & \cdots & a_{2i} & \cdots & a_{2n} \\ \vdots & \vdots & & \vdots & & \vdots \\ a_{n1} & a_{n2} & \cdots & a_{ni} & \cdots & a_{nn} \end{vmatrix}+\begin{vmatrix} a_{11} & a_{12} & \cdots & a'_{1i} & \cdots & a_{1n} \\ a_{21} & a_{22} & \cdots & a'_{2i} & \cdots & a_{2n} \\ \vdots & \vdots & & \vdots & & \vdots \\ a_{n1} & a_{n2} & \cdots & a'_{ni} & \cdots & a_{nn} \end{vmatrix}.$$

性质6 把行列式的某一行(列)的各元素乘以同一个数后加到另一行(列)对应的元素上去,行列式的值不变.

例如,以数 k 乘以第 j 列加到第 i 列上,有

$$D=\begin{vmatrix} a_{11} & \cdots & a_{1i} & \cdots & a_{1j} & \cdots & a_{1n} \\ a_{21} & \cdots & a_{2i} & \cdots & a_{2j} & \cdots & a_{2n} \\ \vdots & & \vdots & & \vdots & & \vdots \\ a_{n1} & \cdots & a_{ni} & \cdots & a_{nj} & \cdots & a_{nn} \end{vmatrix}=\begin{vmatrix} a_{11} & \cdots & a_{1i}+ka_{1j} & \cdots & a_{1j} & \cdots & a_{1n} \\ a_{21} & \cdots & a_{2i}+ka_{2j} & \cdots & a_{2j} & \cdots & a_{2n} \\ \vdots & & \vdots & & \vdots & & \vdots \\ a_{n1} & \cdots & a_{ni}+ka_{nj} & \cdots & a_{nj} & \cdots & a_{nn} \end{vmatrix}.$$

在计算行列式时,为了叙述方便,约定了如下记号:以 r_i 表示行列式的第 i 行,以 c_j 表示行列式的第 j 列. 交换第 i 行和第 j 行,记为 $r_i \leftrightarrow r_j$;第 i 行加上(或减去)第 j 行的 k 倍,记为 $r_i \pm kr_j$. 列的情况类似.

行列式的计算方法之一就是利用行列式的性质,把它逐步化为三角形行列式,由前面的结论可知,三角形行列式的值就是其主对角线上元素的乘积. 这种方法称为化三角形法.

例4 计算行列式 $D_4=\begin{vmatrix} 1 & 3 & 1 & 0 \\ 1 & 2 & 4 & 1 \\ 0 & 1 & 5 & 8 \\ 1 & -2 & 7 & 4 \end{vmatrix}$.

解 利用行列式性质,将其化为三角形行列式,即

$$D_4=\begin{vmatrix} 1 & 3 & 1 & 0 \\ 1 & 2 & 4 & 1 \\ 0 & 1 & 5 & 8 \\ 1 & -2 & 7 & 4 \end{vmatrix} \xlongequal[r_4-r_1]{r_2-r_1} \begin{vmatrix} 1 & 3 & 1 & 0 \\ 0 & -1 & 3 & 1 \\ 0 & 1 & 5 & 8 \\ 0 & -5 & 6 & 4 \end{vmatrix} \xlongequal[r_4-5r_2]{r_3+r_2} \begin{vmatrix} 1 & 3 & 1 & 0 \\ 0 & -1 & 3 & 1 \\ 0 & 0 & 8 & 9 \\ 0 & 0 & -9 & -1 \end{vmatrix}$$

$$\xlongequal{r_4+\frac{9}{8}r_3} \begin{vmatrix} 1 & 3 & 1 & 0 \\ 0 & -1 & 3 & 1 \\ 0 & 0 & 8 & 9 \\ 0 & 0 & 0 & \frac{73}{8} \end{vmatrix} = -73.$$

例5 计算行列式 $D=\begin{vmatrix} 2 & 1 & 1 & 1 \\ 1 & 2 & 1 & 1 \\ 1 & 1 & 2 & 1 \\ 1 & 1 & 1 & 2 \end{vmatrix}$.

解 这个行列式的特点是各列 4 个数之和都是 5. 把第 2,3,4 行同时加到第 1 行,提出公因子 5,然后各行减去第 1 行,有

$$D \xlongequal{r_1+r_2+r_3+r_4} \begin{vmatrix} 5 & 5 & 5 & 5 \\ 1 & 2 & 1 & 1 \\ 1 & 1 & 2 & 1 \\ 1 & 1 & 1 & 2 \end{vmatrix} \xlongequal{\frac{1}{5}r_1} 5\begin{vmatrix} 1 & 1 & 1 & 1 \\ 1 & 2 & 1 & 1 \\ 1 & 1 & 2 & 1 \\ 1 & 1 & 1 & 2 \end{vmatrix} \xlongequal[\substack{r_3-r_1 \\ r_4-r_1}]{r_2-r_1} 5\begin{vmatrix} 1 & 1 & 1 & 1 \\ 0 & 1 & 0 & 0 \\ 0 & 0 & 1 & 0 \\ 0 & 0 & 0 & 1 \end{vmatrix} = 5.$$

例 6 计算行列式 $D=\begin{vmatrix} a & b & c & d \\ a & a+b & a+b+c & a+b+c+d \\ a & 2a+b & 3a+2b+c & 4a+3b+2c+d \\ a & 3a+b & 6a+3b+c & 10a+6b+3c+d \end{vmatrix}$.

解 从第 4 行开始,后行减前行,有

$$D\xlongequal[r_2-r_1]{\substack{r_4-r_3\\ r_3-r_2}}\begin{vmatrix} a & b & c & d \\ 0 & a & a+b & a+b+c \\ 0 & a & 2a+b & 3a+2b+c \\ 0 & a & 3a+b & 6a+3b+c \end{vmatrix}\xlongequal[r_3-r_2]{r_4-r_3}\begin{vmatrix} a & b & c & d \\ 0 & a & a+b & a+b+c \\ 0 & 0 & a & 2a+b \\ 0 & 0 & a & 3a+b \end{vmatrix}$$

$$\xlongequal{r_4-r_3}\begin{vmatrix} a & b & c & d \\ 0 & a & a+b & a+b+c \\ 0 & 0 & a & 2a+b \\ 0 & 0 & 0 & a \end{vmatrix}=a^4.$$

练 习 10.2

1. 已知 $D=\begin{vmatrix} -1 & 0 & 2 & 3 \\ 1 & 2 & 4 & -6 \\ 0 & 3 & 2 & 8 \\ 2 & -1 & 3 & 7 \end{vmatrix}$,写出元素 a_{32} 的余子式和代数余子式.

2. 按第 2 行展开 $D=\begin{vmatrix} 2 & 2 & -7 & 5 \\ 1 & 0 & 0 & 3 \\ -1 & 2 & 8 & 1 \\ 3 & 7 & -1 & 2 \end{vmatrix}$,并计算其值.

3. 计算下列行列式.

(1) $\begin{vmatrix} 3 & 1 & -1 & 2 \\ -5 & 1 & 3 & -4 \\ 2 & 0 & 1 & -1 \\ 1 & -5 & 3 & -3 \end{vmatrix}$; (2) $\begin{vmatrix} 3 & 1 & 2 \\ 290 & 106 & 196 \\ 5 & -3 & 2 \end{vmatrix}$;

(3) $\begin{vmatrix} 1 & 2 & 3 & 4 \\ 2 & 3 & 4 & 1 \\ 3 & 4 & 1 & 2 \\ 4 & 1 & 2 & 3 \end{vmatrix}$; (4) $\begin{vmatrix} a & b & b & b \\ b & a & b & b \\ b & b & a & b \\ b & b & b & a \end{vmatrix}$.

4. 证明 $\begin{vmatrix} a_{11} & a_{12} & c_{11} & c_{12} \\ a_{21} & a_{22} & c_{21} & c_{22} \\ 0 & 0 & b_{11} & b_{22} \\ 0 & 0 & b_{21} & b_{22} \end{vmatrix}=\begin{vmatrix} a_{11} & a_{12} \\ a_{21} & a_{22} \end{vmatrix}\begin{vmatrix} b_{11} & b_{12} \\ b_{21} & b_{22} \end{vmatrix}$.

10.3　矩阵的概念及其运算

10.3.1　矩阵的概念

案例 1　甲、乙、丙三人参加公务员考试，他们的笔试成绩和面试成绩如表10-1所示.

表 10-1

人员＼成绩＼科目	笔试成绩	面试成绩
甲	85	90
乙	75	60
丙	95	95

如果取出表 10-1 中的成绩并保持原来的相对位置，可以记为 $\begin{pmatrix} 85 & 90 \\ 75 & 60 \\ 95 & 95 \end{pmatrix}$.

案例 2　设有某种物资要从 4 个产地运往 5 个销地，它的调运情况如表 10-2 所示.

表 10-2

产地＼产量＼销地	Ⅰ	Ⅱ	Ⅲ	Ⅳ	Ⅴ
甲	23	2	5	45	11
乙	12	0	67	42	25
丙	4	45	56	34	0
丁	34	13	15	0	67

取出表中的数据，可以记为

$$\begin{pmatrix} 23 & 2 & 5 & 45 & 11 \\ 12 & 0 & 67 & 42 & 25 \\ 4 & 45 & 56 & 34 & 0 \\ 34 & 13 & 15 & 0 & 67 \end{pmatrix}.$$

定义 1　由 $m \times n$ 个数 $a_{ij}(i=1,2,\cdots,m;j=1,2,\cdots,n)$ 排成的 m 行 n 列，并加上圆括号(或方括号)的矩形数表

$$\begin{pmatrix} a_{11} & a_{12} & \cdots & a_{1n} \\ a_{21} & a_{22} & \cdots & a_{2n} \\ \vdots & \vdots & & \vdots \\ a_{m1} & a_{m2} & \cdots & a_{mn} \end{pmatrix} \quad 或 \quad \begin{bmatrix} a_{11} & a_{12} & \cdots & a_{1n} \\ a_{21} & a_{22} & \cdots & a_{2n} \\ \vdots & \vdots & & \vdots \\ a_{m1} & a_{m2} & \cdots & a_{mn} \end{bmatrix}$$

称为m行n列矩阵,简称$m\times n$矩阵.矩阵通常用大写字母$\boldsymbol{A},\boldsymbol{B},\boldsymbol{C},\cdots$表示,则上述矩阵可以记为$\boldsymbol{A}$或$\boldsymbol{A}_{m\times n}$,也可记为$\boldsymbol{A}=(a_{ij})_{m\times n}$或$\boldsymbol{A}=(a_{ij})$,其中$a_{ij}$称为矩阵$\boldsymbol{A}$的第$i$行第$j$列元素.

下面介绍一些常用的特殊矩阵.

1. 零矩阵

所有元素都是零的$m\times n$矩阵称为零矩阵,记为$\boldsymbol{O}_{m\times n}$或$\boldsymbol{O}$.例如,

$$\boldsymbol{O}_{2\times 3}=\begin{pmatrix} 0 & 0 & 0 \\ 0 & 0 & 0 \end{pmatrix}, \quad \boldsymbol{O}_{3\times 3}=\begin{pmatrix} 0 & 0 & 0 \\ 0 & 0 & 0 \\ 0 & 0 & 0 \end{pmatrix}.$$

2. 负矩阵

设矩阵$\boldsymbol{A}=(a_{ij})$,记$-\boldsymbol{A}=(-a_{ij})$,$-\boldsymbol{A}$称为矩阵$\boldsymbol{A}$的负矩阵.

3. 行矩阵与列矩阵

只有一行($m=1$)的矩阵称为行矩阵,即

$$\boldsymbol{A}=(a_{11},a_{12},\cdots,a_{1n}).$$

只有一列($n=1$)的矩阵称为列矩阵,即

$$\boldsymbol{B}=\begin{pmatrix} a_{11} \\ a_{21} \\ \vdots \\ a_{m1} \end{pmatrix}.$$

4. 方阵

行数和列数都等于n的矩阵称为n阶矩阵或n阶方阵,记为

$$\begin{pmatrix} a_{11} & a_{12} & \cdots & a_{1n} \\ a_{21} & a_{22} & \cdots & a_{2n} \\ \vdots & \vdots & & \vdots \\ a_{n1} & a_{n2} & \cdots & a_{nn} \end{pmatrix}.$$

5. 上(下)三角矩阵

在n阶方阵中,从左上角到右下角的对角线称为主对角线,从右上角到左下角的对角线称为次对角线.

主对角线下(或上)方的元素全为零的n阶方阵,称为上(或下)三角矩阵.

例如,
$$\boldsymbol{A}=\begin{pmatrix} 1 & 2 & -3 \\ 0 & 4 & -2 \\ 0 & 0 & 5 \end{pmatrix}, \quad \boldsymbol{B}=\begin{pmatrix} -5 & 0 & 0 \\ 2 & 4 & 0 \\ 3 & 1 & 5 \end{pmatrix}$$

分别是上三角矩阵和下三角矩阵.

6. 对角矩阵

主对角线以外的元素全为零的 n 阶方阵，称为 n 阶对角矩阵. 对角矩阵也称对角阵，例如

$$\boldsymbol{A}=\begin{pmatrix}1 & & & \\ & 2 & & \\ & & \ddots & \\ & & & n\end{pmatrix}.$$

7. 单位矩阵

主对角线上的元素都是 1，其他元素全为零的 n 阶方阵称为 n 阶单位矩阵，记为 $\boldsymbol{E}_n$ 或 $\boldsymbol{I}_n$，即

$$\boldsymbol{E}_n=\begin{pmatrix}1 & & & \\ & 1 & & \\ & & \ddots & \\ & & & 1\end{pmatrix}.$$

行数相等、列数也相等的矩阵称为同型矩阵. 如果 $\boldsymbol{A}=(a_{ij})_{m\times n}$，$\boldsymbol{B}=(b_{ij})_{m\times n}$，且 $a_{ij}=b_{ij}(i=1,2,\cdots,m;j=1,2,\cdots,n)$，就称矩阵 $\boldsymbol{A}$ 与矩阵 $\boldsymbol{B}$ 相等，记为

$$\boldsymbol{A}=\boldsymbol{B}.$$

也就是说，当两个同型矩阵的对应元素都相等时，两个矩阵才相等.

8. 转置矩阵

将一个 $m\times n$ 矩阵 $\boldsymbol{A}=\begin{pmatrix}a_{11} & a_{12} & \cdots & a_{1n}\\ a_{21} & a_{22} & \cdots & a_{2n}\\ \vdots & \vdots & & \vdots\\ a_{m1} & a_{m2} & \cdots & a_{mn}\end{pmatrix}$ 的行和列互换得到的 $n\times m$ 矩阵，称为 $\boldsymbol{A}$ 的转置矩阵，记为 $\boldsymbol{A}^{\mathrm{T}}$，即

$$\boldsymbol{A}^{\mathrm{T}}=\begin{pmatrix}a_{11} & a_{21} & \cdots & a_{m1}\\ a_{12} & a_{22} & \cdots & a_{m2}\\ \vdots & \vdots & & \vdots\\ a_{1n} & a_{2n} & \cdots & a_{mn}\end{pmatrix}.$$

10.3.2　矩阵的加法与减法

案例 3　设有两种物资(单位:t)，要从 3 个产地运往 4 个销地，调运方案可分别用矩阵 $\boldsymbol{A}$ 和矩阵 $\boldsymbol{B}$ 表示为

$$\boldsymbol{A}=\begin{pmatrix}15 & 20 & 5 & 7\\ 0 & 5 & 45 & 10\\ 3 & 1 & 0 & 8\end{pmatrix},\quad \boldsymbol{B}=\begin{pmatrix}0 & 11 & 5 & 9\\ 4 & 12 & 20 & 0\\ 16 & 3 & 7 & 14\end{pmatrix}.$$

那么,从各产地运往各销地的两种物资(单位:t)的总调运方案应是矩阵 **A** 与矩阵 **B** 的和,即

$$\boldsymbol{A}+\boldsymbol{B}=\begin{pmatrix}15&20&5&7\\0&5&45&10\\3&1&0&8\end{pmatrix}+\begin{pmatrix}0&11&5&9\\4&12&20&0\\16&3&7&14\end{pmatrix}$$

$$=\begin{pmatrix}15+0&20+11&5+5&7+9\\0+4&5+12&45+20&10+0\\3+16&1+3&0+7&8+14\end{pmatrix}=\begin{pmatrix}15&31&10&16\\4&17&65&10\\19&4&7&22\end{pmatrix}.$$

定义 2 设有两个 $m\times n$ 矩阵 $\boldsymbol{A}=(a_{ij})_{m\times n}$,$\boldsymbol{B}=(b_{ij})_{m\times n}$,则矩阵

$$\boldsymbol{C}=\begin{pmatrix}a_{11}+b_{11}&a_{12}+b_{12}&\cdots&a_{1n}+b_{1n}\\a_{21}+b_{21}&a_{22}+b_{22}&\cdots&a_{2n}+b_{2n}\\\vdots&\vdots&&\vdots\\a_{m1}+b_{m1}&a_{m2}+b_{m2}&\cdots&a_{mn}+b_{mn}\end{pmatrix}$$

为 **A** 与 **B** 的和,记为

$$\boldsymbol{C}=\boldsymbol{A}+\boldsymbol{B}=(a_{ij}+b_{ij})_{m\times n}.$$

显然,只有两个同型矩阵才可以进行加法运算.

由负矩阵可以定义矩阵的减法为

$$\boldsymbol{C}=\boldsymbol{A}-\boldsymbol{B}=\boldsymbol{A}+(-\boldsymbol{B})=(a_{ij}-b_{ij})_{m\times n}.$$

例 1 某公司有甲、乙、丙三种产品,分别向Ⅰ、Ⅱ两地销售,已知全年的销售情况用矩阵 **A** 表示,前三个季度的销售情况用矩阵 **B** 表示,即

$$\boldsymbol{A}=\begin{pmatrix}18&20\\30&45\\11&4\end{pmatrix},\quad\boldsymbol{B}=\begin{pmatrix}10&8\\12&3\\1&1\end{pmatrix}.$$

求第四季度的销售情况.

解 第四季度的销售情况等于全年的销售情况减去前三个季度的销售情况,即

$$\boldsymbol{A}-\boldsymbol{B}=\begin{pmatrix}18&20\\30&45\\11&4\end{pmatrix}-\begin{pmatrix}10&8\\12&3\\1&1\end{pmatrix}=\begin{pmatrix}18-10&20-8\\30-12&45-3\\11-1&4-1\end{pmatrix}=\begin{pmatrix}8&12\\18&42\\10&3\end{pmatrix}.$$

也就是说,两个同型矩阵相减,可以归结为它们的对应元素相减.

例 2 设矩阵 $\boldsymbol{A}=\begin{pmatrix}-9&0\\2&4\\-1&6\end{pmatrix}$, $\boldsymbol{B}=\begin{pmatrix}8&14\\6&15\\2&-3\end{pmatrix}$,求 $\boldsymbol{A}+\boldsymbol{B}$,$\boldsymbol{A}-\boldsymbol{B}$.

解 $\boldsymbol{A}+\boldsymbol{B}=\begin{pmatrix}-9&0\\2&4\\-1&6\end{pmatrix}+\begin{pmatrix}8&14\\6&15\\2&-3\end{pmatrix}=\begin{pmatrix}-9+8&0+14\\2+6&4+15\\-1+2&6+(-3)\end{pmatrix}=\begin{pmatrix}-1&14\\8&19\\1&3\end{pmatrix}$,

$$\boldsymbol{A}-\boldsymbol{B}=\begin{pmatrix}-9 & 0\\ 2 & 4\\ -1 & 6\end{pmatrix}-\begin{pmatrix}8 & 14\\ 6 & 15\\ 2 & -3\end{pmatrix}=\begin{pmatrix}-9-8 & 0-14\\ 2-6 & 4-15\\ -1-2 & 6-(-3)\end{pmatrix}=\begin{pmatrix}-17 & -14\\ -4 & -11\\ -3 & 9\end{pmatrix}.$$

矩阵的加法满足下列运算规律(设 $\boldsymbol{A},\boldsymbol{B},\boldsymbol{C},\boldsymbol{O}$ 都是 $m\times n$ 矩阵)：

(1) $\boldsymbol{A}+\boldsymbol{B}=\boldsymbol{B}+\boldsymbol{A}$；

(2) $(\boldsymbol{A}+\boldsymbol{B})+\boldsymbol{C}=\boldsymbol{A}+(\boldsymbol{B}+\boldsymbol{C})$；

(3) 零矩阵满足 $\boldsymbol{A}+\boldsymbol{O}=\boldsymbol{A}$；

(4) 存在矩阵 $-\boldsymbol{A}$，满足 $\boldsymbol{A}-\boldsymbol{A}=\boldsymbol{A}+(-\boldsymbol{A})=\boldsymbol{O}$.

10.3.3　数与矩阵相乘

案例 4　设有种物资(单位：t)，要从 3 个产地运往 4 个销地，调运方案可用矩阵 $\boldsymbol{A}$ 表示，即

$$\boldsymbol{A}=\begin{pmatrix}10 & 33 & 5 & 27\\ 0 & 1.5 & 6 & 10\\ 3.4 & 18 & 0 & 8\end{pmatrix}.$$

已知每吨的运费是 5 元，则各地之间每吨货物的运费为

$$5\boldsymbol{A}=\begin{pmatrix}5\times10 & 5\times33 & 5\times5 & 5\times27\\ 5\times0 & 5\times1.5 & 5\times6 & 5\times10\\ 5\times3.4 & 5\times18 & 5\times0 & 5\times8\end{pmatrix}=\begin{pmatrix}50 & 165 & 25 & 135\\ 0 & 7.5 & 30 & 50\\ 17 & 90 & 0 & 40\end{pmatrix}.$$

定义 3　设矩阵 $\boldsymbol{A}=(a_{ij})_{m\times n}$，$k$ 为常数，规定 k 与 $\boldsymbol{A}$ 的乘积是 k 乘以 $\boldsymbol{A}$ 的每个元素所得到的一个 $m\times n$ 矩阵，记为 $k\boldsymbol{A}$(或 $\boldsymbol{A}k$)，即

$$k\boldsymbol{A}=k\begin{pmatrix}a_{11} & a_{12} & \cdots & a_{1n}\\ a_{21} & a_{22} & \cdots & a_{2n}\\ \vdots & \vdots & & \vdots\\ a_{m1} & a_{m2} & \cdots & a_{mn}\end{pmatrix}=\begin{pmatrix}ka_{11} & ka_{12} & \cdots & ka_{1n}\\ ka_{21} & ka_{22} & \cdots & ka_{2n}\\ \vdots & \vdots & & \vdots\\ ka_{m1} & ka_{m2} & \cdots & ka_{mn}\end{pmatrix}.$$

数与矩阵的乘法满足下列运算规律(其中 $\boldsymbol{A},\boldsymbol{B}$ 为 $m\times n$ 矩阵，k,l 为任意常数)：

(1) $k(\boldsymbol{A}+\boldsymbol{B})=k\boldsymbol{A}+k\boldsymbol{B}$；　(2) $(k+l)\boldsymbol{A}=k\boldsymbol{A}+l\boldsymbol{A}$；

(3) $(kl)\boldsymbol{A}=(lk)\boldsymbol{A}=k(l\boldsymbol{A})=l(k\boldsymbol{A})$.

例 3　设两个 2×3 矩阵为

$$\boldsymbol{A}=\begin{pmatrix}-4 & 0 & 3\\ 2 & -9 & 6\end{pmatrix},\quad \boldsymbol{B}=\begin{pmatrix}1 & 10 & -3\\ 4 & 8 & 0\end{pmatrix},$$

求 $5\boldsymbol{A}-2\boldsymbol{B}$.

解　因为

$$5\boldsymbol{A}=5\begin{pmatrix}-4 & 0 & 3\\ 2 & -9 & 6\end{pmatrix}=\begin{pmatrix}-20 & 0 & 15\\ 10 & -45 & 30\end{pmatrix},$$

$$2\boldsymbol{B}=2\begin{pmatrix}1 & 10 & -3\\ 4 & 8 & 0\end{pmatrix}=\begin{pmatrix}2 & 20 & -6\\ 8 & 16 & 0\end{pmatrix},$$

则
$$5\boldsymbol{A}-2\boldsymbol{B}=\begin{pmatrix}-20 & 0 & 15\\ 10 & -45 & 30\end{pmatrix}-\begin{pmatrix}2 & 20 & -6\\ 8 & 16 & 0\end{pmatrix}=\begin{pmatrix}-22 & -20 & 21\\ 2 & -61 & 30\end{pmatrix}.$$

10.3.4 矩阵与矩阵相乘

案例 5 设某地有两个工厂Ⅰ和Ⅱ,它们都生产甲、乙、丙三种产品,一年中各厂生产的产量如表 10-3 所示.

表 10-3

产品 工厂	甲	乙	丙
Ⅰ	1	2	5
Ⅱ	13	20	9

各产品的单位成本和单位利润如表 10-4 所示.

表 10-4

项目 产品	单位成本	单位利润
甲	2	3
乙	5	6
丙	8	9

由上述的产量表和价格表,可得各产品的总成本和总利润如表 10-5 所示.

表 10-5

项目 工厂	总成本	总利润
Ⅰ	52	60
Ⅱ	198	240

将产量表用矩阵表示为

$$\boldsymbol{A}=\begin{pmatrix}1 & 2 & 5\\ 13 & 20 & 9\end{pmatrix},$$

价格表用矩阵表示为

$$\boldsymbol{B}=\begin{pmatrix}2 & 3\\ 5 & 6\\ 8 & 9\end{pmatrix},$$

费用表用矩阵表示为

$$\boldsymbol{C}=\begin{pmatrix}52 & 60\\ 198 & 240\end{pmatrix},$$

则费用矩阵 $\boldsymbol{C}$ 就是矩阵 $\boldsymbol{A}$ 和矩阵 $\boldsymbol{B}$ 的乘积，即

$$\boldsymbol{C}=\boldsymbol{AB}=\begin{pmatrix}1&2&5\\13&20&9\end{pmatrix}\begin{pmatrix}2&3\\5&6\\8&9\end{pmatrix}=\begin{pmatrix}1\times2+2\times5+5\times8&1\times3+2\times6+5\times9\\13\times2+20\times5+9\times8&13\times3+20\times6+9\times9\end{pmatrix}$$

$$=\begin{pmatrix}52&60\\198&240\end{pmatrix}.$$

定义 4　设矩阵 $\boldsymbol{A}=(a_{ij})_{m\times s}$，$\boldsymbol{B}=(b_{ij})_{s\times n}$，规定矩阵 $\boldsymbol{A}$ 与矩阵 $\boldsymbol{B}$ 的乘积为矩阵 $\boldsymbol{C}=(c_{ij})_{m\times n}$，记为 $\boldsymbol{AB}=\boldsymbol{C}$，其中

$$c_{ij}=a_{i1}b_{1j}+a_{i2}b_{2j}+\cdots+a_{is}b_{sj}=\sum_{k=1}^{s}a_{ik}b_{kj}\quad(i=1,2,\cdots,m;j=1,2,\cdots,n).$$

即 $\boldsymbol{AB}$ 的第 i 行第 j 列的元素为 $\boldsymbol{A}$ 的第 i 行与 $\boldsymbol{B}$ 的第 j 列对应元素的乘积之和.

注　只有当第一个矩阵 $\boldsymbol{A}$(左矩阵)的列数等于第二个矩阵 $\boldsymbol{B}$(右矩阵)的行数时，才可以相乘，它们的乘积记为 $\boldsymbol{AB}$，而不能写成 $\boldsymbol{BA}$，且 $\boldsymbol{AB}$ 的行数等于 $\boldsymbol{A}$(左矩阵)的行数，$\boldsymbol{AB}$ 的列数等于 $\boldsymbol{B}$(右矩阵)的列数.

例 4　已知矩阵 $\boldsymbol{A}=(1,2,3)$，$\boldsymbol{B}=\begin{pmatrix}3\\2\\1\end{pmatrix}$，求 $\boldsymbol{AB}$.

解　因为 $\boldsymbol{A}$ 是 1×3 矩阵，$\boldsymbol{B}$ 是 3×1 矩阵，所以 $\boldsymbol{A}$ 与 $\boldsymbol{B}$ 可以相乘，其乘积 $\boldsymbol{AB}$ 是 1×1 矩阵. 由矩阵乘法定义，得

$$\boldsymbol{C}=\boldsymbol{AB}=(1,2,3)\begin{pmatrix}3\\2\\1\end{pmatrix}=(1\times3+2\times2+3\times1)=(10).$$

例 5　设矩阵 $\boldsymbol{A}=\begin{pmatrix}-1&0\\2&4\\3&-3\end{pmatrix}$，$\boldsymbol{B}=\begin{pmatrix}5&-2\\0&1\end{pmatrix}$，求 $\boldsymbol{AB}$.

解　因为 $\boldsymbol{A}$ 是 3×2 矩阵，$\boldsymbol{B}$ 是 2×2 矩阵，所以 $\boldsymbol{A}$ 与 $\boldsymbol{B}$ 可以相乘，且 $\boldsymbol{AB}$ 是 3×2 矩阵，由定义，得

$$\boldsymbol{AB}=\begin{pmatrix}-1&0\\2&4\\3&-3\end{pmatrix}\begin{pmatrix}5&-2\\0&1\end{pmatrix}=\begin{pmatrix}(-1)\times5+0\times0&(-1)\times(-2)+0\times1\\2\times5+4\times0&2\times(-2)+4\times1\\3\times5+(-3)\times0&3\times(-2)+(-3)\times1\end{pmatrix}$$

$$=\begin{pmatrix}-5&2\\10&0\\15&-9\end{pmatrix}.$$

例 6　设矩阵 $\boldsymbol{A}=\begin{pmatrix}1&0\\1&0\end{pmatrix}$，$\boldsymbol{B}=\begin{pmatrix}0&0\\1&1\end{pmatrix}$，求 $\boldsymbol{AB}$ 及 $\boldsymbol{BA}$.

解 $\boldsymbol{AB}=\begin{pmatrix}1&0\\1&0\end{pmatrix}\begin{pmatrix}0&0\\1&1\end{pmatrix}=\begin{pmatrix}0&0\\0&0\end{pmatrix}$，$\boldsymbol{BA}=\begin{pmatrix}0&0\\1&1\end{pmatrix}\begin{pmatrix}1&0\\1&0\end{pmatrix}=\begin{pmatrix}0&0\\2&0\end{pmatrix}$.

由例 6 可知，矩阵的乘法不满足交换律，即在一般情况下，$\boldsymbol{AB}\neq\boldsymbol{BA}$.

例 7 设矩阵

$$\boldsymbol{A}=\begin{pmatrix}-2&4\\-3&6\end{pmatrix},\quad \boldsymbol{B}=\begin{pmatrix}2&10\\1&5\end{pmatrix},\quad \boldsymbol{C}=\begin{pmatrix}-6&4\\-3&2\end{pmatrix},$$

求 $\boldsymbol{AB}$，$\boldsymbol{AC}$.

解 $\boldsymbol{AB}=\begin{pmatrix}-2&4\\-3&6\end{pmatrix}\begin{pmatrix}2&10\\1&5\end{pmatrix}=\begin{pmatrix}0&0\\0&0\end{pmatrix}$，$\boldsymbol{AC}=\begin{pmatrix}-2&4\\-3&6\end{pmatrix}\begin{pmatrix}-6&4\\-3&2\end{pmatrix}=\begin{pmatrix}0&0\\0&0\end{pmatrix}$.

由例 7 可以知道，当两矩阵 $\boldsymbol{A}$，$\boldsymbol{B}$ 相乘为零矩阵时，不能保证 $\boldsymbol{A}$，$\boldsymbol{B}$ 中至少有一个为零矩阵；当 $\boldsymbol{AB}=\boldsymbol{AC}$，且 $\boldsymbol{A}\neq 0$ 时，不能消去矩阵 $\boldsymbol{A}$ 而得到 $\boldsymbol{B}=\boldsymbol{C}$，即矩阵乘法不满足消去律.

矩阵的乘法满足下列运算规律(假定其中的运算都是可行的，k 为常数)：

(1) $(\boldsymbol{AB})\boldsymbol{C}=\boldsymbol{A}(\boldsymbol{BC})$；　(2) $k(\boldsymbol{AB})=(k\boldsymbol{A})\boldsymbol{B}=\boldsymbol{A}(k\boldsymbol{B})$；

(3) $\boldsymbol{A}(\boldsymbol{B}+\boldsymbol{C})=\boldsymbol{AB}+\boldsymbol{AC}$，$(\boldsymbol{B}+\boldsymbol{C})\boldsymbol{A}=\boldsymbol{BA}+\boldsymbol{CA}$.

练　习　10.3

1. 已知矩阵 $\boldsymbol{A}=\boldsymbol{B}$，且 $\boldsymbol{A}=\begin{pmatrix}2&a&-3\\a+b&5&0\end{pmatrix}$，$\boldsymbol{B}=\begin{pmatrix}b&c&-3\\4&d&0\end{pmatrix}$，求 a,b,c,d 的值.

2. 计算下列矩阵的和(差).

(1) $\begin{pmatrix}3&4&-2\\0&-1&8\end{pmatrix}+\begin{pmatrix}-3&2&1\\-2&3&4\end{pmatrix}$；　(2) $\begin{pmatrix}-1&3\\-2&1\end{pmatrix}-\begin{pmatrix}0&-6\\1&3\end{pmatrix}$；

(3) $2\begin{pmatrix}1&0\\0&-2\end{pmatrix}-4\begin{pmatrix}2&1\\3&-2\end{pmatrix}+6\begin{pmatrix}4&-2\\1&6\end{pmatrix}+8\begin{pmatrix}4&5\\2&1\end{pmatrix}$.

3. 计算下列矩阵的乘积.

(1) $(2,-1,4)\begin{pmatrix}-3\\1\\2\end{pmatrix}$；　(2) $\begin{pmatrix}-3\\1\\2\end{pmatrix}(2,-1,4)$；

(3) $\begin{pmatrix}1&-2\\3&2\end{pmatrix}\begin{pmatrix}2&-1&1\\0&-2&2\end{pmatrix}$；　(4) $\begin{pmatrix}-1&2&3\\3&-1&0\end{pmatrix}\begin{pmatrix}1&2&-3\\0&3&5\\-5&1&0\end{pmatrix}$；

(5) $\begin{pmatrix}-1&0&1\\0&1&0\\0&0&1\end{pmatrix}\begin{pmatrix}2&-2&5\\1&0&3\\-2&4&0\end{pmatrix}$；　(6) $\begin{pmatrix}1&0&-2\\3&-1&3\end{pmatrix}\begin{pmatrix}0&-1\\1&5\\3&6\end{pmatrix}\begin{pmatrix}0&-2\\2&6\end{pmatrix}$.

10.4 逆矩阵

10.4.1 逆矩阵的概念

由 n 个方程、n 个未知量组成的线性方程组为

$$\begin{cases} a_{11}x_1+a_{12}x_2+\cdots+a_{1n}x_n=b_1, \\ a_{21}x_1+a_{22}x_2+\cdots+a_{2n}x_n=b_2, \\ \qquad\qquad\qquad\qquad\vdots \\ a_{n1}x_1+a_{n2}x_2+\cdots+a_{nn}x_n=b_n, \end{cases}$$

可简记为 $\boldsymbol{AX}=\boldsymbol{B}$，其中

$$\boldsymbol{A}=\begin{pmatrix} a_{11} & a_{12} & \cdots & a_{1n} \\ a_{21} & a_{22} & \cdots & a_{2n} \\ \vdots & \vdots & & \vdots \\ a_{n1} & a_{n2} & \cdots & a_{nn} \end{pmatrix},\quad \boldsymbol{X}=\begin{pmatrix} x_1 \\ x_2 \\ \vdots \\ x_n \end{pmatrix},\quad \boldsymbol{B}=\begin{pmatrix} b_1 \\ b_2 \\ \vdots \\ b_n \end{pmatrix}.$$

像 $\boldsymbol{AX}=\boldsymbol{B}$ 这样含有未知矩阵 $\boldsymbol{X}$ 的等式，称为矩阵方程.

例 1 求矩阵方程 $\begin{pmatrix} 3 & 2 \\ 4 & 5 \end{pmatrix}\begin{pmatrix} x_1 \\ x_2 \end{pmatrix}=\begin{pmatrix} 10 \\ 25 \end{pmatrix}$ 的解.

分析 当 $|\boldsymbol{A}|\neq 0$ 时，由 10.1 节知，线性方程组 $\boldsymbol{AX}=\boldsymbol{B}$ 有唯一解，能否像解一元一次代数方程"由 $ax=b(a\neq 0)$，可得 $x=\dfrac{b}{a}$"那样解出 $\boldsymbol{AX}=\boldsymbol{B}$ 中的未知矩阵 $\boldsymbol{X}$ 呢?

显然不能，因为矩阵没有除法的定义. 但是如果存在 n 阶方阵 $\boldsymbol{B}$，使得 $\boldsymbol{BA}=\boldsymbol{E}$，那么用 $\boldsymbol{B}$ 左乘 $\boldsymbol{AX}=\boldsymbol{B}$ 的两端，就得到线性方程组 $\boldsymbol{AX}=\boldsymbol{B}$ 的解 $\boldsymbol{X}=\boldsymbol{BB}$.

由此引入逆矩阵的定义.

定义 1 设 $\boldsymbol{A}$ 为 n 阶方阵，如果存在 n 阶方阵 $\boldsymbol{B}$，使得

$$\boldsymbol{AB}=\boldsymbol{BA}=\boldsymbol{E},$$

则称方阵 $\boldsymbol{A}$ 是可逆的，并称方阵 $\boldsymbol{B}$ 为方阵 $\boldsymbol{A}$ 的逆矩阵或逆阵，记为 $\boldsymbol{A}^{-1}$，即 $\boldsymbol{B}=\boldsymbol{A}^{-1}$.

注 (1) 如果方阵 $\boldsymbol{A}$ 是可逆的，那么 $\boldsymbol{A}$ 的逆矩阵是唯一的. 事实上，设 $\boldsymbol{B},\boldsymbol{C}$ 都是 $\boldsymbol{A}$ 的逆矩阵，则

$$\boldsymbol{B}=\boldsymbol{BE}=\boldsymbol{B}(\boldsymbol{AC})=(\boldsymbol{BA})\boldsymbol{C}=\boldsymbol{EC}=\boldsymbol{C},$$

所以 $\boldsymbol{A}$ 的逆矩阵是唯一的.

(2) 如果一个矩阵不是方阵，则它一定不可逆. 但不是所有方阵都是可逆的. 例如，矩阵 $\boldsymbol{A}=\begin{pmatrix} 1 & 0 \\ 1 & 0 \end{pmatrix}$ 就是不可逆的，因为对于任何二阶方阵 $\boldsymbol{B}=(b_{ij})$，都有

$$\boldsymbol{BA}=\begin{pmatrix}b_{11} & b_{12}\\ b_{21} & b_{22}\end{pmatrix}\begin{pmatrix}1 & 0\\ 1 & 0\end{pmatrix}=\begin{pmatrix}b_{11}+b_{12} & 0\\ b_{21}+b_{22} & 0\end{pmatrix}\neq\boldsymbol{E}.$$

如果方阵 $\boldsymbol{A}$ 无逆矩阵,则称 $\boldsymbol{A}$ 为奇异方阵;如果 $\boldsymbol{A}$ 有逆矩阵,则称 $\boldsymbol{A}$ 为非奇异方阵,简称非异阵.

10.4.2 逆矩阵的求法

定义 2 设 n 阶方阵 $\boldsymbol{A}=(a_{ij})_{n\times n}$,由 $\boldsymbol{A}$ 的行列式 $|\boldsymbol{A}|$ 中的每个元素 a_{ij} 的代数余子式 A_{ij} 所构成的方阵

$$\begin{pmatrix}A_{11} & A_{21} & \cdots & A_{n1}\\ A_{12} & A_{22} & \cdots & A_{n2}\\ \vdots & \vdots & & \vdots\\ A_{1n} & A_{2n} & \cdots & A_{nn}\end{pmatrix}$$

称为方阵 $\boldsymbol{A}$ 的伴随矩阵,记为 $\boldsymbol{A}^*$.

例 2 求矩阵 $\boldsymbol{A}=\begin{pmatrix}1 & 2 & 3\\ 2 & 3 & 1\\ 3 & 1 & 2\end{pmatrix}$ 的伴随矩阵 $\boldsymbol{A}^*$.

解 因为

$$A_{11}=\begin{vmatrix}3 & 1\\ 1 & 2\end{vmatrix}=5,\quad A_{12}=-\begin{vmatrix}2 & 1\\ 3 & 2\end{vmatrix}=-1,\quad A_{13}=\begin{vmatrix}2 & 3\\ 3 & 1\end{vmatrix}=-7,$$

$$A_{21}=-\begin{vmatrix}2 & 3\\ 1 & 2\end{vmatrix}=-1,\quad A_{22}=\begin{vmatrix}1 & 3\\ 3 & 2\end{vmatrix}=-7,\quad A_{23}=-\begin{vmatrix}1 & 2\\ 3 & 1\end{vmatrix}=5,$$

$$A_{31}=\begin{vmatrix}2 & 3\\ 3 & 1\end{vmatrix}=-7,\quad A_{32}=-\begin{vmatrix}1 & 3\\ 2 & 1\end{vmatrix}=5,\quad A_{33}=\begin{vmatrix}1 & 2\\ 2 & 3\end{vmatrix}=-1,$$

所以

$$\boldsymbol{A}^*=\begin{pmatrix}5 & -1 & -7\\ -1 & -7 & 5\\ -7 & 5 & -1\end{pmatrix}.$$

根据矩阵乘法法则及行列式的性质,可得

$$\boldsymbol{AA}^*=\begin{pmatrix}a_{11} & a_{12} & \cdots & a_{1n}\\ a_{21} & a_{22} & \cdots & a_{2n}\\ \vdots & \vdots & & \vdots\\ a_{n1} & a_{n2} & \cdots & a_{nn}\end{pmatrix}\begin{pmatrix}A_{11} & A_{21} & \cdots & A_{n1}\\ A_{12} & A_{22} & \cdots & A_{n2}\\ \vdots & \vdots & & \vdots\\ A_{1n} & A_{2n} & \cdots & A_{nn}\end{pmatrix}=\begin{pmatrix}|\boldsymbol{A}| & 0 & \cdots & 0\\ 0 & |\boldsymbol{A}| & \ddots & \vdots\\ \vdots & \ddots & \ddots & 0\\ 0 & \cdots & 0 & |\boldsymbol{A}|\end{pmatrix}=|\boldsymbol{A}|\boldsymbol{E}.$$

同理,$\boldsymbol{A}^*\boldsymbol{A}=|\boldsymbol{A}|\boldsymbol{E}$,于是得到方阵 $\boldsymbol{A}$ 与它的伴随矩阵 $\boldsymbol{A}^*$ 之间的重要关系式:

$$\boldsymbol{AA}^*=\boldsymbol{A}^*\boldsymbol{A}=|\boldsymbol{A}|\boldsymbol{E}.$$

定理　n 阶方阵 $\boldsymbol{A}$ 可逆的充要条件是 $|\boldsymbol{A}|\neq 0$，且有

$$\boldsymbol{A}^{-1}=\frac{\boldsymbol{A}^*}{|\boldsymbol{A}|}. \qquad ①$$

例 3　求例 2 中矩阵 $\boldsymbol{A}$ 的逆矩阵.

解　因为

$$|\boldsymbol{A}|=\begin{vmatrix}1&2&3\\2&3&1\\3&1&2\end{vmatrix}=-18\neq 0,$$

所以 $\boldsymbol{A}$ 可逆，且

$$\boldsymbol{A}^{-1}=\frac{\boldsymbol{A}^*}{|\boldsymbol{A}|}=-\frac{1}{18}\begin{pmatrix}5&-1&-7\\-1&-7&5\\-7&5&-1\end{pmatrix}.$$

10.4.3　用逆矩阵解线性方程组

由前面可知，n 个方程、n 个未知量组成的线性方程组的矩阵形式可记为

$$\boldsymbol{AX}=\boldsymbol{B},$$

其中

$$\boldsymbol{A}=\begin{pmatrix}a_{11}&a_{12}&\cdots&a_{1n}\\a_{21}&a_{22}&\cdots&a_{2n}\\\vdots&\vdots&&\vdots\\a_{n1}&a_{n2}&\cdots&a_{nn}\end{pmatrix},\quad \boldsymbol{X}=\begin{pmatrix}x_1\\x_2\\\vdots\\x_n\end{pmatrix},\quad \boldsymbol{B}=\begin{pmatrix}b_1\\b_2\\\vdots\\b_n\end{pmatrix}.$$

当 $|\boldsymbol{A}|\neq 0$ 时，$\boldsymbol{A}$ 可逆，用 $\boldsymbol{A}^{-1}$ 左乘 $\boldsymbol{AX}=\boldsymbol{B}$ 的两边，得

$$\boldsymbol{X}=\boldsymbol{A}^{-1}\boldsymbol{B}.$$

此即为线性方程组的解.

例 4　用逆矩阵解线性方程组 $\begin{cases}2x_1+2x_2+x_3=1,\\3x_1+x_2+5x_3=2,\\3x_1+2x_2+3x_2=3.\end{cases}$

解　线性方程组的矩阵形式为

$$\begin{pmatrix}2&2&1\\3&1&5\\3&2&3\end{pmatrix}\begin{pmatrix}x_1\\x_2\\x_3\end{pmatrix}=\begin{pmatrix}1\\2\\3\end{pmatrix}.$$

先求系数矩阵 $\boldsymbol{A}=\begin{pmatrix}2&2&1\\3&1&5\\3&2&3\end{pmatrix}$ 的逆矩阵.

因为 $|\boldsymbol{A}|=1\neq 0$，所以 $\boldsymbol{A}$ 可逆. 又因 $\boldsymbol{A}$ 的伴随矩阵为

$$\boldsymbol{A}^*=\begin{pmatrix}-7&-4&9\\6&3&-7\\3&2&-4\end{pmatrix},$$

所以 $A^{-1}=\dfrac{A^*}{|A|}=\begin{pmatrix}-7 & -4 & 9\\ 6 & 3 & -7\\ 3 & 2 & -4\end{pmatrix}$,则原方程组的解为

$$X=\begin{pmatrix}2 & 2 & 1\\ 3 & 1 & 5\\ 3 & 2 & 3\end{pmatrix}^{-1}\begin{pmatrix}1\\ 2\\ 3\end{pmatrix}=\begin{pmatrix}-7 & -4 & 9\\ 6 & 3 & -7\\ 3 & 2 & -4\end{pmatrix}\begin{pmatrix}1\\ 2\\ 3\end{pmatrix}=\begin{pmatrix}12\\ -9\\ -5\end{pmatrix},$$

即
$$\begin{cases}x_1=12,\\ x_2=-9,\\ x_3=-5.\end{cases}$$

练　习　10.4

1. 求下列矩阵的伴随矩阵.

(1) $\begin{pmatrix}1 & 2\\ 3 & 4\end{pmatrix}$;　　(2) $\begin{pmatrix}-2 & 1 & 0\\ 3 & 2 & 5\\ -1 & 0 & 1\end{pmatrix}$.

2. 判断下列矩阵是否可逆,若可逆,求其逆矩阵.

(1) $\begin{pmatrix}a & b\\ c & d\end{pmatrix}$(其中 $ad-bc\neq 0$);　　(2) $\begin{pmatrix}1 & 0 & 8\\ 0 & 1 & 0\\ 0 & 0 & 1\end{pmatrix}$;

(3) $\begin{pmatrix}3 & -4 & 5\\ 2 & -3 & 1\\ 3 & -5 & -1\end{pmatrix}$;　　(4) $\begin{pmatrix}1 & 2 & 3\\ 2 & 2 & 1\\ 3 & 4 & 3\end{pmatrix}$.

3. 利用逆矩阵解下列方程组.

(1) $\begin{cases}x_1+x_2+x_3=2,\\ 2x_1+x_2=-1,\\ x_1+x_2=1;\end{cases}$　　(2) $\begin{cases}2x_1+2x_2+x_3=5,\\ 3x_1+x_2+5x_3=0,\\ 3x_1+2x_2+3x_3=4.\end{cases}$

*10.5　矩阵的秩与初等变换

10.5.1　矩阵的秩

矩阵的秩是描述矩阵的一个数值特征,它是线性代数中的一个重要的概念.

定义 1　在 $m\times n$ 矩阵 A 中,任取 k 行 k 列($k\leqslant m,k\leqslant n$),位于这些行列交叉处的 k^2 个元素,按原来的次序而得到的 k 阶行列式,称为矩阵 A 的 k 阶子式.

例如,在矩阵 $\boldsymbol{A}=\begin{pmatrix}-3 & 2 & 4 & -1 & 6\\ 0 & 5 & -5 & 1 & 1\\ 4 & 2 & -4 & -5 & 1\\ 0 & 1 & -2 & 6 & 1\end{pmatrix}$ 中,取第 2 行第 3 行和第 1 列第 4 列交叉处的元素所组成的二阶子式 $\begin{vmatrix}0 & 1\\ 4 & -5\end{vmatrix}$,就是矩阵 $\boldsymbol{A}$ 的一个二阶子式.

由此可知,$m\times n$ 矩阵 $\boldsymbol{A}$ 的 k 阶子式共有 $C_m^k C_n^k$ 个.

定义 2 $m\times n$ 矩阵 $\boldsymbol{A}$ 中,非零子式的最高阶数称为矩阵 $\boldsymbol{A}$ 的秩,记为 $R(\boldsymbol{A})$. 并规定:零矩阵的秩为零.

根据矩阵的秩的定义,容易得出

(1) $R(\boldsymbol{A})\leqslant\min\{m,n\}$; (2) $R(\boldsymbol{A}^{T})=R(\boldsymbol{A})$.

例 1 求下列矩阵的秩:

(1) $\boldsymbol{A}=\begin{pmatrix}2 & 8 & -4 & 0\\ 1 & 2 & -1 & 5\\ 7 & 0 & 2 & -2\\ 0 & 0 & 0 & 0\end{pmatrix}$; (2) $\boldsymbol{B}=\begin{pmatrix}1 & 3 & -9 & 3\\ 0 & 1 & -3 & 4\\ -2 & -3 & 9 & 6\end{pmatrix}$.

解 (1) $\boldsymbol{A}$ 显然有三阶子式 $\begin{vmatrix}2 & 8 & -4\\ 1 & 2 & -1\\ 7 & 0 & 2\end{vmatrix}=-8\neq 0$,唯一的四阶子式因含有零行,则 $|\boldsymbol{A}|=0$,所以 $R(\boldsymbol{A})=3$.

(2) $\boldsymbol{B}$ 中最高阶子式为三阶,共有 $C_3^3C_4^3=4$ 个,即

$$\begin{vmatrix}1 & 3 & -9\\ 0 & 1 & -3\\ -2 & -3 & 9\end{vmatrix}=0,\quad \begin{vmatrix}1 & 3 & 3\\ 0 & 1 & 4\\ -2 & -3 & 6\end{vmatrix}=0,$$

$$\begin{vmatrix}1 & -9 & 3\\ 0 & -3 & 4\\ -2 & 9 & 6\end{vmatrix}=0,\quad \begin{vmatrix}3 & -9 & 3\\ 1 & -3 & 4\\ -3 & 9 & 6\end{vmatrix}=0.$$

又因二阶子式 $\begin{vmatrix}1 & 3\\ 0 & 1\end{vmatrix}\neq 0$,所以 $R(\boldsymbol{B})=2$.

10.5.2 矩阵的初等变换

定义 3 下面三种变换称为矩阵的初等行变换:

(1) 交换矩阵第 i 行与第 j 行,记为 $r_i\leftrightarrow r_j$;

(2) 以非零数 k 乘以第 i 行中的所有元素,记为 kr_i;

(3) 把第 j 行的所有元素的 k 倍加到第 i 行对应的元素上去,记为 r_i+kr_j.

把定义 3 中的“行”换成“列”(相应地把记号“r”换成“c”),即得矩阵的初等列变换的定义. 矩阵的初等行变换与初等列变换,统称为矩阵的初等变换. 如果矩阵 $\boldsymbol{A}$ 经过有限次初等变换变成矩阵 $\boldsymbol{B}$,就称矩阵 $\boldsymbol{A}$ 与矩阵 $\boldsymbol{B}$ 等价,记为 $\boldsymbol{A}\sim\boldsymbol{B}$ 或 $\boldsymbol{B}\sim\boldsymbol{A}$.

定义 4 设 $\boldsymbol{A}$ 是一个 $m\times n$ 矩阵,则

(1) 若存在零行(元素全是零的行),则零行都在矩阵的最下面一行;

(2) 每一个非零行的第一个非零元素左边的零元素个数随行的序数增大而增多,则称矩阵 $\boldsymbol{A}$ 为阶梯形矩阵.

例如,矩阵

$$\begin{pmatrix}1&-2&1\\0&3&5\\0&0&2\end{pmatrix},\quad\begin{pmatrix}1&-3&2&1\\0&2&-6&5\\0&0&1&-2\end{pmatrix},\quad\begin{pmatrix}0&1&2&3\\0&0&4&0\\0&0&0&0\end{pmatrix}$$

都是阶梯形矩阵.

如果对阶梯形矩阵继续施行初等行变换,就可以将其化为**行最简形矩阵**,即非零行的第一个非零元素为 1,且含这些元素的列的其他元素都为零.

例如,矩阵 $\begin{pmatrix}1&0&-1&0&3\\0&1&2&0&-1\\0&0&0&1&4\end{pmatrix}$ 就是行最简形矩阵.

定理 1 任意一个 $m\times n$ 矩阵都可以通过若干次初等行变换化为阶梯形矩阵.

例 2 用初等变换把矩阵 $\boldsymbol{A}=\begin{pmatrix}2&-4&4&10&-4\\0&1&-1&3&1\\1&-2&1&-4&2\\4&-7&4&-4&5\end{pmatrix}$ 化为阶梯形矩阵和行最简形矩阵.

解
$$\boldsymbol{A}=\begin{pmatrix}2&-4&4&10&-4\\0&1&-1&3&1\\1&-2&1&-4&2\\4&-7&4&-4&5\end{pmatrix}\xrightarrow{r_1\leftrightarrow r_3}\begin{pmatrix}1&-2&1&-4&2\\0&1&-1&3&1\\2&-4&4&10&-4\\4&-7&4&-4&5\end{pmatrix}$$

$$\xrightarrow[r_4-4r_1]{r_3-2r_1}\begin{pmatrix}1&-2&1&-4&2\\0&1&-1&3&1\\0&0&2&18&-8\\0&1&0&12&-3\end{pmatrix}\xrightarrow{r_4-r_2}\begin{pmatrix}1&-2&1&-4&2\\0&1&-1&3&1\\0&0&2&18&-8\\0&0&1&9&-4\end{pmatrix}$$

$$\xrightarrow{r_4-\frac{1}{2}r_3}\begin{pmatrix}1&-2&1&-4&2\\0&1&-1&3&1\\0&0&2&18&-8\\0&0&0&0&0\end{pmatrix}=\boldsymbol{B}.$$

这是一个行阶梯形矩阵. 继续施行初等行变换,有

$$\boldsymbol{B}=\begin{pmatrix}1&-2&1&-4&2\\0&1&-1&3&1\\0&0&2&18&-8\\0&0&0&0&0\end{pmatrix}\xrightarrow{r_3\times\frac{1}{2}}\begin{pmatrix}1&-2&1&-4&2\\0&1&-1&3&1\\0&0&1&9&-4\\0&0&0&0&0\end{pmatrix}$$

$$\xrightarrow{r_1+2r_2}\begin{pmatrix}1&0&-1&2&4\\0&1&-1&3&1\\0&0&1&9&-4\\0&0&0&0&0\end{pmatrix}\xrightarrow[r_2+r_3]{r_1+r_3}\begin{pmatrix}1&0&0&11&0\\0&1&0&12&-3\\0&0&1&9&-4\\0&0&0&0&0\end{pmatrix}.$$

这是一个行最简形矩阵.

定理 2 矩阵的初等行变换不改变矩阵的秩.

例 3 利用初等行变换求例 1 中的矩阵的秩.

解 (1) $\boldsymbol{A}=\begin{pmatrix}2&8&-4&0\\1&2&-1&5\\7&0&2&-2\\0&0&0&0\end{pmatrix}\xrightarrow{r_1\leftrightarrow r_2}\begin{pmatrix}1&2&-1&5\\2&8&-4&0\\7&0&2&-2\\0&0&0&0\end{pmatrix}$

$$\xrightarrow[r_3-7r_1]{r_2-2r_1}\begin{pmatrix}1&2&-1&5\\0&4&-2&-10\\0&-14&9&-37\\0&0&0&0\end{pmatrix}\xrightarrow{r_2\times\frac{1}{2}}\begin{pmatrix}1&2&-1&5\\0&2&-1&-5\\0&-14&9&-37\\0&0&0&0\end{pmatrix}$$

$$\xrightarrow{r_3+7r_2}\begin{pmatrix}1&2&-1&5\\0&2&-1&-5\\0&0&2&-72\\0&0&0&0\end{pmatrix}.$$

因此矩阵化为阶梯形矩阵后,非零行的个数为 3,所以 $\mathrm{R}(\boldsymbol{A})=3$.

(2) $\boldsymbol{B}=\begin{pmatrix}1&3&-9&3\\0&1&-3&4\\-2&-3&9&6\end{pmatrix}\xrightarrow{r_3+2r_1}\begin{pmatrix}1&3&-9&3\\0&1&-3&4\\0&3&-9&12\end{pmatrix}\xrightarrow{r_3-3r_2}\begin{pmatrix}1&3&-9&3\\0&1&-3&4\\0&0&0&0\end{pmatrix}.$

因此矩阵化为阶梯形矩阵后,非零行的个数为 2,所以 $\mathrm{R}(\boldsymbol{B})=2$.

10.5.3 用初等变换解线性方程组

对于含有 n 个未知量、m 个方程的线性方程组

$$\begin{cases}a_{11}x_1+a_{12}x_2+\cdots+a_{1n}x_n=b_1,\\a_{21}x_1+a_{22}x_2+\cdots+a_{2n}x_n=b_2,\\\qquad\qquad\vdots\\a_{m1}x_1+a_{m2}x_2+\cdots+a_{mn}x_n=b_m,\end{cases}$$

其矩阵形式为

$$\boldsymbol{AX}=\boldsymbol{B},$$

其中
$$A=\begin{pmatrix}a_{11}&a_{12}&\cdots&a_{1n}\\a_{21}&a_{22}&\cdots&a_{2n}\\\vdots&\vdots&&\vdots\\a_{m1}&a_{m2}&\cdots&a_{mn}\end{pmatrix},\quad X=\begin{pmatrix}x_1\\x_2\\\vdots\\x_n\end{pmatrix},\quad B=\begin{pmatrix}b_1\\b_2\\\vdots\\b_m\end{pmatrix}$$
分别为系数矩阵、未知数矩阵、常数矩阵.

矩阵 $\widetilde{A}=\left(\begin{array}{cccc|c}a_{11}&a_{12}&\cdots&a_{1n}&b_1\\a_{21}&a_{22}&\cdots&a_{2n}&b_2\\\vdots&\vdots&&\vdots&\vdots\\a_{m1}&a_{m2}&\cdots&a_{mn}&b_m\end{array}\right)$称为线性方程组的增广矩阵.

例 4 用消元法解线性方程组
$$\begin{cases}2x_1-x_2+3x_3=9, & ①\\x_1+x_2+x_3=6, & ②\\3x_1+2x_2-x_3=4. & ③\end{cases}$$

解 如果把方程组和它的增广矩阵联系起来,不难看出,对增广矩阵进行初等行变换化为行最简形矩阵.下面用矩阵的初等行变换来表示例 4 的消元过程.
$$\widetilde{A}=\left(\begin{array}{ccc|c}2&-1&3&9\\1&1&1&6\\3&2&-1&4\end{array}\right)\xrightarrow{r_1\leftrightarrow r_2}\left(\begin{array}{ccc|c}1&1&1&6\\2&-1&3&9\\3&2&-1&4\end{array}\right)\xrightarrow[r_3-3r_1]{r_2-2r_1}\left(\begin{array}{ccc|c}1&1&1&6\\0&-3&1&-3\\0&-1&-4&-14\end{array}\right)$$
$$\xrightarrow{r_2\leftrightarrow r_3}\left(\begin{array}{ccc|c}1&1&1&6\\0&-1&-4&-14\\0&-3&1&-3\end{array}\right)\xrightarrow{r_2\times(-1)}\left(\begin{array}{ccc|c}1&1&1&6\\0&1&4&14\\0&-3&1&-3\end{array}\right)$$
$$\xrightarrow{r_3+3r_2}\left(\begin{array}{ccc|c}1&1&1&6\\0&1&4&14\\0&0&13&39\end{array}\right)\xrightarrow{r_3\times\frac{1}{13}}\left(\begin{array}{ccc|c}1&1&1&6\\0&1&4&14\\0&0&1&3\end{array}\right)\xrightarrow{r_2-4r_3}\left(\begin{array}{ccc|c}1&1&1&6\\0&1&0&2\\0&0&1&3\end{array}\right)$$
$$\xrightarrow[r_1-r_2]{r_1-r_3}\left(\begin{array}{ccc|c}1&0&0&1\\0&1&0&2\\0&0&1&3\end{array}\right),$$
所以原方程组的解为 $x_1=1,x_2=2,x_3=3$.

例 5 解线性方程组$\begin{cases}2x_1+x_2-x_3=5,\\x_1-x_2+x_3=-2,\\x_1+2x_2+3x_3=2.\end{cases}$

解 对增广矩阵施行初等行变换,得
$$\widetilde{A}=\left(\begin{array}{ccc|c}2&1&-1&5\\1&-1&1&-2\\1&2&3&2\end{array}\right)\xrightarrow{r_1\leftrightarrow r_2}\left(\begin{array}{ccc|c}1&-1&1&-2\\2&1&-1&5\\1&2&3&2\end{array}\right)\xrightarrow[r_3-r_1]{r_2-2r_1}\left(\begin{array}{ccc|c}1&-1&1&-2\\0&3&-3&9\\0&3&2&4\end{array}\right)$$

$$\xrightarrow{r_3-r_2}\left(\begin{array}{ccc:c}1 & -1 & 1 & -2\\0 & 3 & -3 & 9\\0 & 0 & 5 & -5\end{array}\right)\xrightarrow[r_3\times\frac{1}{5}]{r_2\times\frac{1}{3}}\left(\begin{array}{ccc:c}1 & -1 & 1 & -2\\0 & 1 & -1 & 3\\0 & 0 & 1 & -1\end{array}\right)\xrightarrow[r_2+r_3]{r_1+r_2}\left(\begin{array}{ccc:c}1 & 0 & 0 & 1\\0 & 1 & 0 & 2\\0 & 0 & 1 & -1\end{array}\right),$$

故原方程组的解为 $x_1=1, x_2=2, x_3=-1$.

练　习　10.5

1. 求下列矩阵的秩.

(1) $\begin{pmatrix}5 & 14 & 24\\-1 & 2 & 0\\1 & 3 & 5\end{pmatrix}$；　(2) $\begin{pmatrix}1 & 1 & -1 & 1\\2 & 3 & 0 & -5\\6 & -1 & 2 & 3\end{pmatrix}$；

(3) $\begin{pmatrix}3 & 1 & 0 & 2\\1 & 5 & -2 & 1\\2 & -18 & 8 & 0\end{pmatrix}$；　(4) $\begin{pmatrix}1 & 2 & -2 & 3\\2 & -1 & 4 & 1\\3 & -3 & 2 & 3\\1 & 2 & -2 & 3\end{pmatrix}$.

2. 将下列矩阵化为行最简形矩阵，并求其秩.

(1) $\begin{pmatrix}2 & -3 & 1 & -5\\1 & -2 & -1 & -2\\4 & -2 & 7 & -7\\1 & -1 & 2 & -3\end{pmatrix}$；　(2) $\begin{pmatrix}7 & -4 & 0 & -1\\-1 & 4 & 5 & -3\\2 & 0 & 3 & 8\\0 & 8 & 12 & -5\end{pmatrix}$.

3. 利用初等行变换求解下列线性方程组.

(1) $\begin{cases}x_1+x_2+x_3=1,\\-x_1+2x_2-4x_3=2,\\2x_1+5x_2-x_3=3;\end{cases}$　(2) $\begin{cases}x_1+2x_2-3x_3=4,\\2x_1+3x_2-5x_3=7,\\4x_1+3x_2-9x_3=9,\\2x_1+5x_2-8x_3=8.\end{cases}$

*10.6　一般线性方程组的讨论

对于含有 n 个未知量、m 个方程的线性方程组

$$\begin{cases}a_{11}x_1+a_{12}x_2+\cdots+a_{1n}x_n=b_1,\\a_{21}x_1+a_{22}x_2+\cdots+a_{2n}x_n=b_2,\\\qquad\qquad\vdots\\a_{m1}x_1+a_{m2}x_2+\cdots+a_{mn}x_n=b_m,\end{cases}\qquad ①$$

其中，系数 $a_{ij}(i=1,2,\cdots,m;j=1,2,\cdots,n)$ 和常数 $b_i(i=1,2,\cdots,m)$ 都是已知数，$x_j(j=1,2,\cdots,n)$ 是未知数. 当常数 $b_i(i=1,2,\cdots,m)$ 不全为零时，称方程组①为非齐次线性方程组；当 $b_i(i=1,2,\cdots,m)$ 全为零时，即

$$\begin{cases}a_{11}x_1+a_{12}x_2+\cdots+a_{1n}x_n=0,\\a_{21}x_1+a_{22}x_2+\cdots+a_{2n}x_n=0,\\\qquad\qquad\vdots\\a_{m1}x_1+a_{m2}x_2+\cdots+a_{mn}x_n=0.\end{cases}\qquad ②$$

称方程组②为齐次线性方程组.

10.6.1 非齐次线性方程组

例 1 解线性方程组 $\begin{cases} x_1+x_2+x_3=1, \\ -x_1+2x_2-4x_3=2, \\ 2x_1+5x_2-x_3=3. \end{cases}$

解 对该方程组的增广矩阵进行初等行变换,得

$$\widetilde{\mathbf{A}}=\left(\begin{array}{ccc|c} 1 & 1 & 1 & 1 \\ -1 & 2 & -4 & 2 \\ 2 & 5 & -1 & 3 \end{array}\right) \xrightarrow[r_3-2r_1]{r_2+r_1} \left(\begin{array}{ccc|c} 1 & 1 & 1 & 1 \\ 0 & 3 & -3 & 3 \\ 0 & 3 & -3 & 1 \end{array}\right) \xrightarrow{r_3-r_2} \left(\begin{array}{ccc|c} 1 & 1 & 1 & 1 \\ 0 & 3 & -3 & 3 \\ 0 & 0 & 0 & -2 \end{array}\right),$$

所以原方程组的等价方程组为

$$\begin{cases} x_1+x_2+x_3=1, \\ 3x_2-3x_3=3, \\ 0x_3=-2. \end{cases}$$

显然,无论 x_1,x_2,x_3 取什么值,第三个方程无解,则原方程组无解. 比较例 1 中 $R(\mathbf{A})$ 和 $R(\widetilde{\mathbf{A}})$ 的大小,可得如下结论.

定理 1 非齐次线性方程组有解的充要条件是系数矩阵的秩等于增广矩阵的秩,即 $R(\mathbf{A})=R(\widetilde{\mathbf{A}})$,且当 $R(\widetilde{\mathbf{A}})=n$ 时有唯一解,当 $R(\widetilde{\mathbf{A}})<n$ 时有无穷多个解.

例 2 解线性方组 $\begin{cases} 3x_1+2x_2-x_3=3, \\ 2x_1+3x_2+x_3=12, \\ x_1+x_2+2x_3=11. \end{cases}$

解
$$\widetilde{\mathbf{A}}=\left(\begin{array}{ccc|c} 3 & 2 & -1 & 3 \\ 2 & 3 & 1 & 12 \\ 1 & 1 & 2 & 11 \end{array}\right) \xrightarrow{r_1\leftrightarrow r_3} \left(\begin{array}{ccc|c} 1 & 1 & 2 & 11 \\ 2 & 3 & 1 & 12 \\ 3 & 2 & -1 & 3 \end{array}\right)$$

$$\xrightarrow[r_3-3r_1]{r_2-2r_1} \left(\begin{array}{ccc|c} 1 & 1 & 2 & 11 \\ 0 & 1 & -3 & -10 \\ 0 & -1 & -7 & -30 \end{array}\right) \xrightarrow{r_3+r_2} \left(\begin{array}{ccc|c} 1 & 1 & 2 & 11 \\ 0 & 1 & -3 & -10 \\ 0 & 0 & -10 & -40 \end{array}\right)$$

$$\xrightarrow{r_3\times\left(-\frac{1}{10}\right)} \left(\begin{array}{ccc|c} 1 & 1 & 2 & 11 \\ 0 & 1 & -3 & -10 \\ 0 & 0 & 1 & 4 \end{array}\right) \xrightarrow[r_1-r_2]{\substack{r_2+3r_3 \\ r_1-2r_3}} \left(\begin{array}{ccc|c} 1 & 0 & 0 & 1 \\ 0 & 1 & 0 & 2 \\ 0 & 0 & 1 & 4 \end{array}\right).$$

因为 $R(\mathbf{A})=R(\widetilde{\mathbf{A}})=3$,所以原方程组有唯一解,即 $x_1=1,x_2=2,x_3=4$.

例 3 解线性方程组 $\begin{cases} x_1+5x_2-9x_3=-7, \\ x_2-7x_3=-6, \\ x_1+3x_2+5x_3=5. \end{cases}$

解
$$\widetilde{\mathbf{A}}=\left(\begin{array}{ccc|c} 1 & 5 & -9 & -7 \\ 0 & 1 & -7 & -6 \\ 1 & 3 & 5 & 5 \end{array}\right) \xrightarrow{r_3-r_1} \left(\begin{array}{ccc|c} 1 & 5 & -9 & -7 \\ 0 & 1 & -7 & -6 \\ 0 & -2 & 14 & 12 \end{array}\right)$$

$$\xrightarrow{r_3+2r_2}\left(\begin{array}{ccc:c}1 & 5 & -9 & -7\\0 & 1 & -7 & -6\\0 & 0 & 0 & 0\end{array}\right)\xrightarrow{r_1-5r_2}\left(\begin{array}{ccc:c}1 & 0 & 26 & 23\\0 & 1 & -7 & -6\\0 & 0 & 0 & 0\end{array}\right),$$

因为 $R(\boldsymbol{A})=R(\widetilde{\boldsymbol{A}})=2<n=3$，所以原方程组有无穷多组解，且原方程组等价于

$$\begin{cases}x_1+26x_3=23,\\x_2-7x_3=-6,\end{cases}$$

其中，x_3 为自由未知量，取 $x_3=c$（c 是任意常数），则原方程组的解可以表示为

$$\begin{cases}x_1=-26x_3+23,\\x_2=7x_3-6,\\x_3=c,\end{cases}\quad 即\quad\begin{cases}x_1=-26c+23,\\x_2=7c-6,\\x_3=c.\end{cases}$$

10.6.2　齐次线性方程组

定理 2　齐次线性方程组有非零解的充要条件是系数矩阵的秩 $R(\boldsymbol{A})<n$.

推论 1　当 $m<n$ 时，齐次线性方程组②有非零解.

推论 2　n 个方程、n 个未知数的齐次方程组有非零解的充要条件是它的系数行列式等于零.

例 4　解齐次线性方程组
$$\begin{cases}x_1+3x_2-7x_3-8x_4=0,\\2x_1+5x_2+4x_3+4x_4=0,\\-3x_1-7x_2-2x_3-3x_4=0,\\x_1+4x_2-12x_3-16x_4=0.\end{cases}$$

解　
$$\boldsymbol{A}=\begin{pmatrix}1 & 3 & -7 & -8\\2 & 5 & 4 & 4\\-3 & -7 & -2 & -3\\1 & 4 & -12 & -16\end{pmatrix}\xrightarrow[r_4-r_1]{\substack{r_2-2r_1\\r_3+3r_1}}\begin{pmatrix}1 & 3 & -7 & -8\\0 & -1 & 18 & 20\\0 & 2 & -23 & -27\\0 & 1 & -5 & -8\end{pmatrix}$$

$$\xrightarrow{\substack{r_3+2r_2\\r_4+r_2}}\begin{pmatrix}1 & 3 & -7 & -8\\0 & -1 & 18 & 20\\0 & 0 & 13 & 13\\0 & 0 & 13 & 12\end{pmatrix}\xrightarrow{r_4-r_3}\begin{pmatrix}1 & 3 & -7 & -8\\0 & -1 & 18 & 20\\0 & 0 & 13 & 13\\0 & 0 & 0 & -1\end{pmatrix}.$$

因为 $R(\boldsymbol{A})=4=n$，所以此方程组只有零解.

例 5　解线性方程组
$$\begin{cases}x_1+x_2-x_3=0,\\2x_1-x_2+4x_3=0,\\x_1+4x_2-7x_3=0.\end{cases}$$

解　
$$\boldsymbol{A}=\begin{pmatrix}1 & 1 & -1\\2 & -1 & 4\\1 & 4 & -7\end{pmatrix}\xrightarrow[r_3-r_1]{r_2-2r_1}\begin{pmatrix}1 & 1 & -1\\0 & -3 & 6\\0 & 3 & -6\end{pmatrix}\xrightarrow{r_3+r_2}\begin{pmatrix}1 & 1 & -1\\0 & -3 & 6\\0 & 0 & 0\end{pmatrix}$$

$$\xrightarrow{r_2\times\left(-\frac{1}{3}\right)}\begin{pmatrix}1 & 1 & -1\\0 & 1 & -2\\0 & 0 & 0\end{pmatrix}\xrightarrow{r_1-r_2}\begin{pmatrix}1 & 0 & 1\\0 & 1 & -2\\0 & 0 & 0\end{pmatrix}.$$

因为 $\mathrm{R}(\boldsymbol{A})=2<n=3$,所以此方程组有无穷多组解,且原方程的同解方程组为

$$\begin{cases}x_1+x_3=0,\\x_2-2x_3=0.\end{cases}$$

令 $x_3=c$ 为自由未知量,则原方程组的解为

$$x_1=-c,\quad x_2=2c,\quad x_3=c\quad (c\text{ 为任意常数}).$$

练　习　10.6

1. 解下列齐次线性方程组.

(1) $\begin{cases}2x_1-\frac{1}{2}x_2-\frac{1}{2}x_3=0,\\-\frac{1}{2}x_1+2x_2-\frac{1}{2}x_4=0,\\-\frac{1}{2}x_1+2x_3-\frac{1}{2}x_4=0,\\-\frac{1}{2}x_2-\frac{1}{2}x_3+2x_4=0;\end{cases}$　　(2) $\begin{cases}x_1+x_2+2x_3-x_4=0,\\2x_1+x_2+x_3-x_4=0,\\2x_1+2x_2+x_3+2x_4=0.\end{cases}$

2. 判断下列方程组是否有解,若有解,是唯一解还是无穷多解?

(1) $\begin{cases}x_1+x_2+x_3=1,\\x_1+2x_2-5x_3=2,\\2x_1+3x_2-4x_3=5;\end{cases}$　　(2) $\begin{cases}x_1+3x_2+2x_3=4,\\2x_1+5x_2+4x_3=9,\\x_1+7x_2+3x_3=2,\\3x_1+8x_2+2x_3=5;\end{cases}$　　(3) $\begin{cases}x_1+x_2-3x_3-x_4=1,\\3x_1-x_2-3x_3+4x_4=4,\\x_1+5x_2-9x_3-8x_4=0.\end{cases}$

3. 当 a 取何值时,下列线性方程组无解、有唯一解、有无穷多解?

$$\begin{cases}ax_1+x_2+x_3=1,\\x_1+ax_2+x_3=a,\\x_1+x_2+ax_3=a^2.\end{cases}$$

综合练习 10

一、选择题

1. 设有矩阵 $\boldsymbol{A}_{3\times2}$,$\boldsymbol{B}_{2\times3}$,$\boldsymbol{C}_{3\times3}$,则下列运算可行的为(　　).

(A) $\boldsymbol{AC}$　　(B) $\boldsymbol{BC}$　　(C) $\boldsymbol{CB}$　　(D) $\boldsymbol{AB}-\boldsymbol{BC}$

2. 设非零矩阵 $\boldsymbol{A}$ 的秩 $\mathrm{R}(\boldsymbol{A})=r$,则下列说法中不正确的是(　　).

(A) $\boldsymbol{A}$ 的 r 阶子式不全为 0　　(B) $\boldsymbol{A}$ 的 r 阶子式全不为 0

(C) $\boldsymbol{A}$ 的 r $(k<r)$阶子式不全为 0　　(D) $\boldsymbol{A}$ 的 k $(k>r)$阶子式全为 0

3. 设 $\boldsymbol{A}$ 是 $m\times n$ 矩阵，则齐次线性方程组 $\boldsymbol{AX}=\boldsymbol{0}$ 有非零解的充要条件是(　　).

(A) $m<n$　　(B) $m>n$　　(C) $\mathrm{R}(\boldsymbol{A})<n$　　(D) $|\boldsymbol{A}|=0$

4. 设 $\boldsymbol{A}$ 是 n 阶方阵，则(　　).

(A) $|-\boldsymbol{A}|=|\boldsymbol{A}|$　　(B) $|-\boldsymbol{A}|=-|\boldsymbol{A}|$

(C) $|-\boldsymbol{A}|=(-1)^n|\boldsymbol{A}|$　　(D) $|\boldsymbol{A}|=-|\boldsymbol{A}^{\mathrm{T}}|$

5. 设 $\boldsymbol{A}$ 与 $\boldsymbol{B}$ 都是 n 阶方阵，则下列等式中成立的有(　　).

(A) $|\boldsymbol{A}+\boldsymbol{B}|=|\boldsymbol{A}|+|\boldsymbol{B}|$　　(B) $\boldsymbol{AB}=\boldsymbol{BA}$

(C) $|\boldsymbol{AB}|=|\boldsymbol{BA}|$　　(D) $(\boldsymbol{A}+\boldsymbol{B})^{-1}=\boldsymbol{A}^{-1}+\boldsymbol{B}^{-1}$

二、填空题

1. 设 $\boldsymbol{A}$ 是 $m\times n$ 矩阵，$\boldsymbol{B}$ 是 $s\times m$ 矩阵，则 $\boldsymbol{A}^{\mathrm{T}}\boldsymbol{B}^{\mathrm{T}}$ 是______矩阵.

2. 设 $D=\begin{vmatrix} a_{11} & a_{12} & a_{13} \\ a_{21} & a_{22} & a_{23} \\ a_{31} & a_{32} & a_{33} \end{vmatrix}=1$，则 $D_1=\begin{vmatrix} 4a_{11} & 2a_{11}-3a_{12} & a_{31} \\ 4a_{21} & 2a_{21}-3a_{22} & a_{23} \\ 4a_{31} & 2a_{31}-3a_{32} & a_{33} \end{vmatrix}=$______.

3. 设 $\boldsymbol{A}=\begin{pmatrix} 2 & 1 & 1 \\ 1 & 2 & 1 \\ 1 & 1 & 2 \end{pmatrix}$，则 $(\boldsymbol{A}^{-1})^*=$______.

4. 设 $\boldsymbol{A}=\begin{pmatrix} 1 & 1 & 1 \\ 1 & 1 & 1 \\ 1 & 1 & 1 \end{pmatrix}$，则 $\boldsymbol{A}^5=$______.

5. 设 $\boldsymbol{A},\boldsymbol{B}$ 均为 n 阶矩阵，$|\boldsymbol{A}|=2$，$|\boldsymbol{B}|=-3$，则 $|2\boldsymbol{A}^*\boldsymbol{B}^{-1}|=$______.

三、解答题

1. 计算下列行列式.

(1) $\begin{vmatrix} 1 & 2 & 3 \\ 0 & 1 & 2 \\ 1 & 1 & 1 \end{vmatrix}$；　　(2) $\begin{vmatrix} 103 & 100 & 204 \\ 199 & 200 & 395 \\ 301 & 300 & 600 \end{vmatrix}$；

(3) $\begin{vmatrix} 0 & 1 & 1 & 1 \\ 1 & 0 & 1 & 1 \\ 1 & 1 & 0 & 1 \\ 1 & 1 & 1 & 0 \end{vmatrix}$；　　(4) $\begin{vmatrix} 1+x & 1 & 1 & 1 \\ 1 & 1-x & 1 & 1 \\ 1 & 1 & 1+y & 1 \\ 1 & 1 & 1 & 1-y \end{vmatrix}$.

2. 证明 $$\begin{vmatrix} a_1+b_1 & b_1+c_1 & c_1+a_1 \\ a_2+b_2 & b_2+c_2 & c_2+a_2 \\ a_3+b_3 & b_3+c_3 & c_3+a_3 \end{vmatrix}=2\begin{vmatrix} a_1 & a_2 & a_3 \\ b_1 & b_2 & b_3 \\ c_1 & c_2 & c_3 \end{vmatrix}.$$

3. 现有三台针式打印机，如果它们同时工作，1 min 共可打印 9000 行字；如果第一台打印机工作 2 min，第二台打印机工作 3 min，共可打印 120000 行字；如果第一台打印机工作 1 min，第二台打印机工作 2 min，第三打印机工作 3 min，共可打印 17500 行字. 问每台打印机每分钟可打印多少行字？

4. 某工厂检验室有甲、乙两种不同的化学原料，甲种原料分别含锌与镁为 10%与 20%，乙种原料分别含锌与镁为10%与30%,现在要用这两种原料分别配制A、B两种试剂,A试剂需含锌、镁各2 g、5 g,B试剂需含锌、镁各1 g、2 g.问配制A、B两种试剂分别需要甲、乙两种化学原料各多少?

5. 已知总成本 y 是产量 x 的二次函数

$$y=a+bx+cx^2.$$

根据统计资料,产量与成本之间有如表10-6所示的数据.试求总成本函数中的 a,b,c.

表 10-6

时　　期	第1期	第2期	第3期
产量 x/千件	6	10	20
总成本 y/万元	104	160	370

6. 一艘轮船以 x_1 km/h的静水速度在河道中航行,逆水速度航行的速度为40 km/h,顺水航行的速度为60 km/h,河水流速为 x_2 km/h,请用逆矩阵方法求出轮船航行的静水速度和水流的速度.

7. 某电子公司下属甲、乙、丙三个工厂生产Ⅰ、Ⅱ、Ⅲ、Ⅳ四种大型电子产品,去年的生产量和今年上半年的生产量如表10-7所示(单位:台).

表 10-7

	去　　年				今年上半年			
产品 产量 工艺	Ⅰ	Ⅱ	Ⅲ	Ⅳ	Ⅰ	Ⅱ	Ⅲ	Ⅳ
甲	4	6	3	7	5	6	7	9
乙	6	2	9	3	4	3	6	4
丙	7	8	9	4	5	4	3	5

如果公司今年的目标产量是去年生产量的3倍,试求公司今年下半年必须完成的生产量.

附　　录

附录 A　傅里叶变换简表

	$f(t)$		$F(\omega)$	
	函　数	图　形	频　谱	图　形
1	矩形单脉冲 $f(t)=\begin{cases}E, & \lvert t\rvert\leqslant\frac{\tau}{2},\\ 0, & \text{其他}\end{cases}$	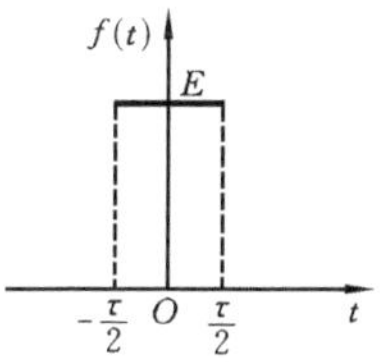	$2E\dfrac{\sin\frac{\omega\tau}{2}}{\omega}$	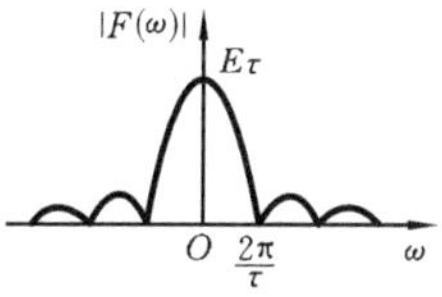
2	指数衰减函数 $f(t)=\begin{cases}0, & t<0,\\ e^{-\beta t}, & t\geqslant 0\end{cases}$ $(\beta>0)$	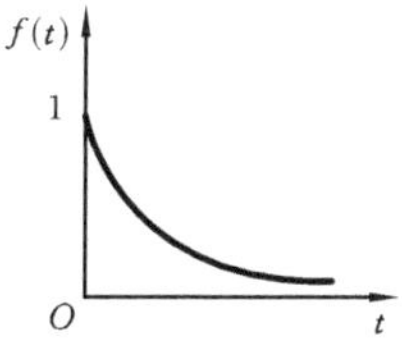	$\dfrac{1}{\beta+i\omega}$	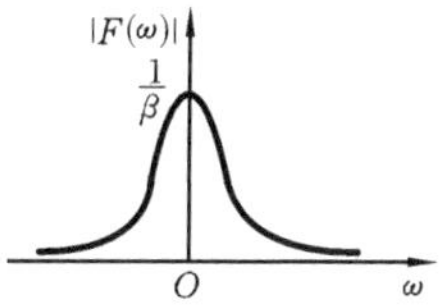
3	三角形脉冲 $f(t)=\begin{cases}\frac{2A}{\tau}\left(\frac{\tau}{2}+t\right), & -\frac{\tau}{2}\leqslant t<0;\\ \frac{2A}{\tau}\left(\frac{\tau}{2}-t\right), & 0\leqslant t<\frac{\tau}{2}\end{cases}$	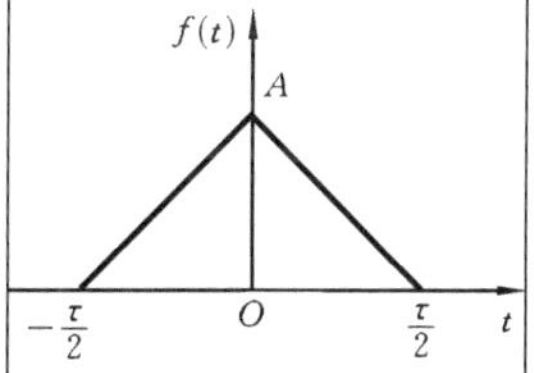	$\dfrac{4A}{\tau\omega^2}\left(1-\cos\dfrac{\omega\tau}{2}\right)$	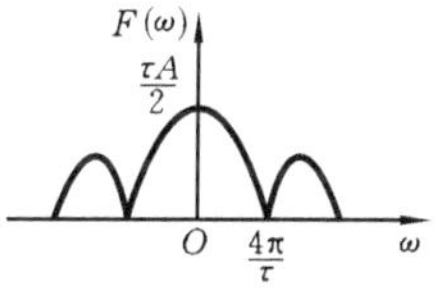
4	钟形脉冲 $f(t)=Ae^{-\beta t^2}$ $(\beta>0)$	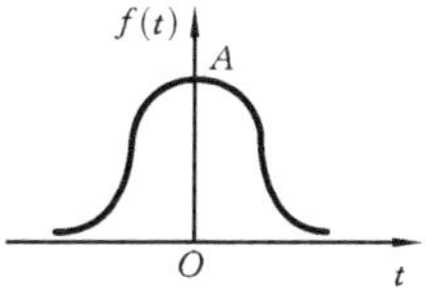	$\sqrt{\dfrac{\pi}{\beta}}Ae^{-\frac{\omega^2}{4\beta}}$	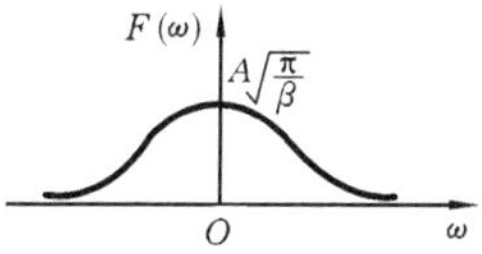
5	傅里叶核 $f(t)=\dfrac{\sin\omega_0 t}{\pi t}$	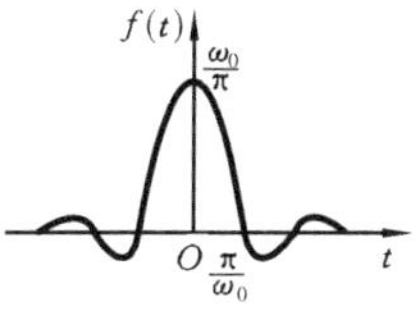	$G(\omega)=\begin{cases}1, & \lvert\omega\rvert\leqslant\omega_0,\\ 0, & \text{其他}\end{cases}$	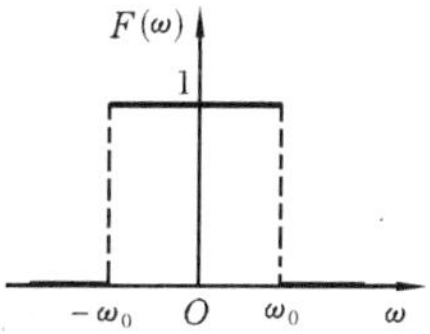

续表

	$f(t)$		$F(\omega)$	
	函　　数	图　　形	频　　谱	图　　形
6	高斯分布函数 $f(t)=\frac{1}{\sqrt{2\pi}\sigma}e^{-\frac{t^2}{2\sigma^2}}$	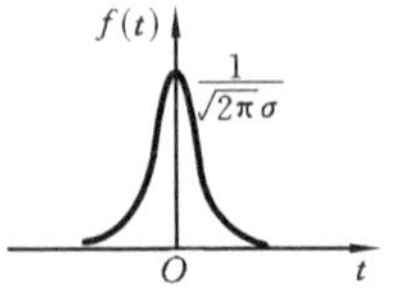	$e^{-\frac{\sigma^2\omega^2}{2}}$	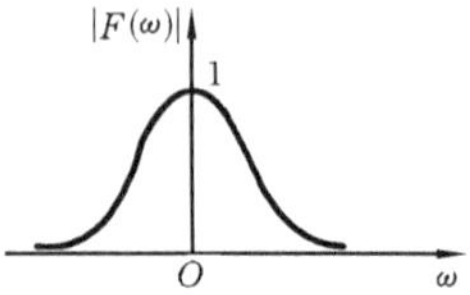
7	矩形射频脉冲 $f(t)=\begin{cases}E\cos\omega_0 t, & \lvert t\rvert\leqslant\frac{\tau}{2},\\ 0, & 其他\end{cases}$	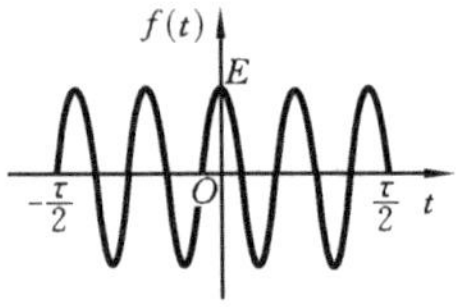	$\frac{E\tau}{2}\left[\frac{\sin(\omega-\omega_0)\frac{\tau}{2}}{(\omega-\omega_0)\frac{\tau}{2}}+\frac{\sin(\omega+\omega_0)\frac{\tau}{2}}{(\omega+\omega_0)\frac{\tau}{2}}\right]$	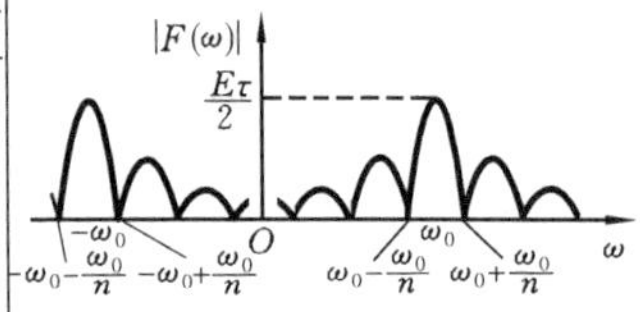
8	单位脉冲函数 $f(t)=\delta(t)$	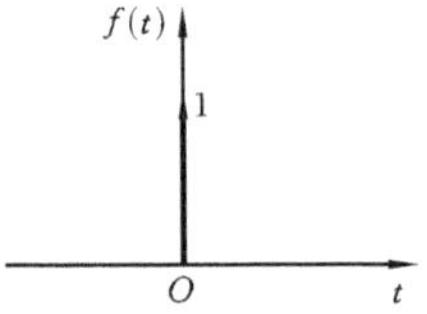	1	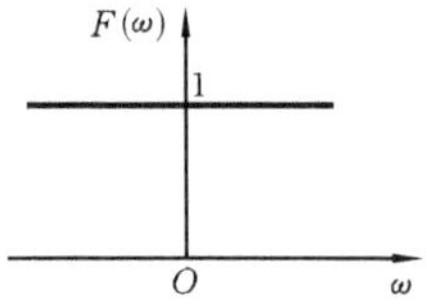
9	周期性脉冲函数 $f(t)=\sum_{n=-\infty}^{+\infty}\delta(t-nT)$ (T 为脉冲函数的周期)	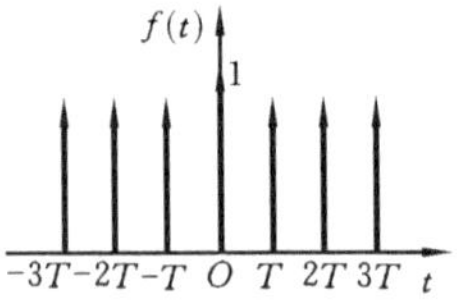	$\frac{2\pi}{T}\sum_{n=-\infty}^{+\infty}\delta\left(\omega-\frac{2n\pi}{T}\right)$	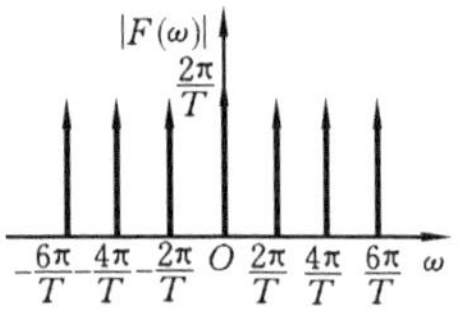
10	$f(t)=\cos\omega_0 t$	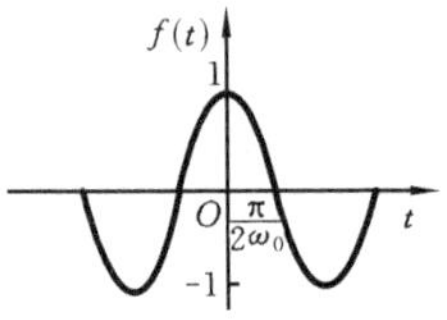	$\pi[\delta(\omega+\omega_0)+\delta(\omega-\omega_0)]$	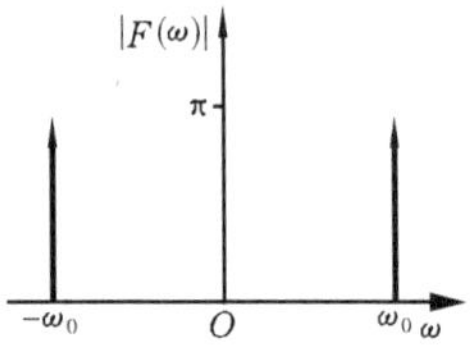
11	$f(t)=\sin\omega_0 t$	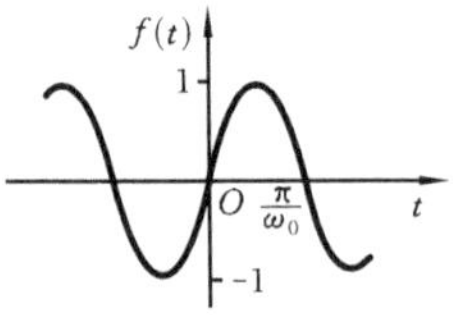	$i\pi[\delta(\omega+\omega_0)-\delta(\omega-\omega_0)]$	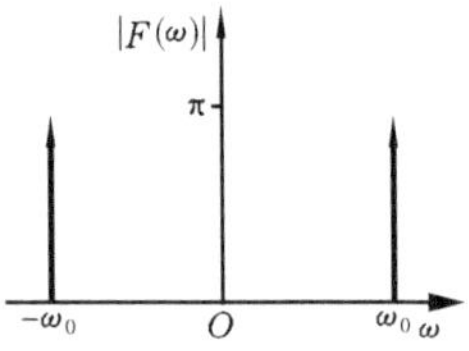
12[①]	单位函数 $f(t)=u(t)$	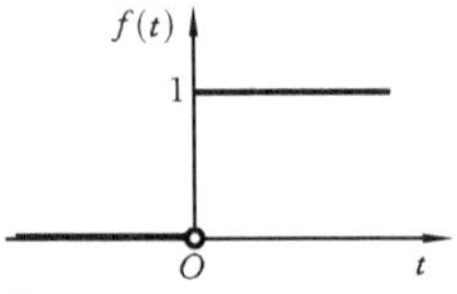	$\frac{1}{i\omega}$	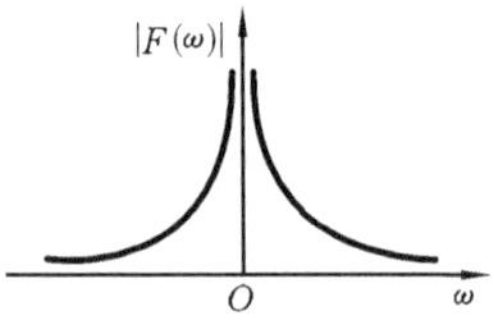

续表

	$f(t)$	$F(\omega)$
13	$u(t-c)$	$\frac{1}{\mathrm{i}\omega}\mathrm{e}^{-\mathrm{i}\omega c}$
14	$u(t)\cdot t$	$\frac{1}{(\mathrm{i}\omega)^2}=-\frac{1}{\omega^2}$
15	$u(t)\cdot t^n$	$\frac{n!}{(\mathrm{i}\omega)^{n+1}}$
16	$u(t)\sin at$	$\frac{a}{a^2-\omega^2}$
17	$u(t)\cos at$	$\frac{\mathrm{i}\omega}{a^2-\omega^2}$
18	$u(t)\mathrm{e}^{\mathrm{i}at}$	$\frac{1}{\mathrm{i}(\omega-a)}$
19	$u(t-c)\mathrm{e}^{\mathrm{i}at}$	$\frac{1}{\mathrm{i}(\omega-a)}\mathrm{e}^{-\mathrm{i}(\omega-a)c}$
20	$u(t)\mathrm{e}^{\mathrm{i}zt}t^n$	$\frac{n!}{[\mathrm{i}(\omega-a)]^{n+1}}$
21	$\mathrm{e}^{a\|t\|}$，$\mathrm{Re}(a)<0$	$\frac{-2a}{\omega^2+a^2}$
22	$\delta(t-c)$	$\mathrm{e}^{-\mathrm{i}\omega c}$
23	$\delta'(t)$	$\mathrm{i}\omega$
24	$\delta^{(n)}(t)$	$(\mathrm{i}\omega)^n$
25	$\delta^{(n)}(t-c)$	$(\mathrm{i}\omega)^n\mathrm{e}^{-\mathrm{i}\omega c}$
26	1	$2\pi\delta(\omega)$
27	t	$2\pi\mathrm{i}\delta'(\omega)$
28	t^n	$2\pi\mathrm{i}^n\delta^{(n)}(\omega)$
29	$\mathrm{e}^{\mathrm{i}at}$	$2\pi\delta(\omega-a)$
30	$t^n\mathrm{e}^{\mathrm{i}at}$	$2\pi\mathrm{i}^n\delta^{(n)}(\omega-a)$
31	$\frac{1}{a^2+t^2}$，$\mathrm{Re}a<0$	$-\frac{\pi}{a}\mathrm{e}^{a\|\omega\|}$
32	$\frac{t}{(a^2+t^2)^2}$，$\mathrm{Re}a<0$	$\frac{\mathrm{i}\omega\pi}{2a}\mathrm{e}^{a\|\omega\|}$
33	$\frac{\mathrm{e}^{\mathrm{i}bt}}{a^2+t^2}$，$\mathrm{Re}a<0$，$b$ 为实数	$-\frac{\pi}{a}\mathrm{e}^{a\|\omega-b\|}$
34	$\frac{\cos bt}{a^2+t^2}$，$\mathrm{Re}a<0$，b 为实数	$-\frac{\pi}{2a}[\mathrm{e}^{a\|\omega-b\|}+\mathrm{e}^{a\|\omega+b\|}]$
35	$\frac{\sin bt}{a^2+t^2}$，$\mathrm{Re}a<0$，b 为实数	$-\frac{\pi}{2a\mathrm{i}}[\mathrm{e}^{a\|\omega-b\|}-\mathrm{e}^{a\|\omega+b\|}]$
36	$\frac{\mathrm{sh}\,at}{\mathrm{sh}\,\pi t}$，$-\pi<a<\pi$	$\frac{\sin a}{\mathrm{ch}\,\omega+\cos a}$
37	$\frac{\mathrm{sh}\,at}{\mathrm{ch}\,\pi t}$，$-\pi<a<\pi$	$-2\mathrm{i}\frac{\sin\frac{a}{2}\mathrm{sh}\frac{\omega}{2}}{\mathrm{ch}\,\omega+\cos a}$

续表

	$f(t)$	$F(\omega)$
38	$\dfrac{\mathrm{ch}at}{\mathrm{ch}\pi t},-\pi<a<\pi$	$2\dfrac{\cos\dfrac{a}{2}\mathrm{ch}\dfrac{\omega}{2}}{\mathrm{ch}\omega+\cos a}$
39	$\dfrac{1}{\mathrm{ch}at}$	$\dfrac{\pi}{a}\dfrac{1}{\mathrm{ch}\dfrac{\pi\omega}{2a}}$
40	$\sin at^2$	$\sqrt{\dfrac{\pi}{a}}\cos\left(\dfrac{\omega^2}{4a}+\dfrac{\pi}{4}\right)$
41	$\cos at^2$	$\sqrt{\dfrac{\pi}{a}}\cos\left(\dfrac{\omega^2}{4a}-\dfrac{\pi}{4}\right)$
42	$\dfrac{1}{t}\sin at$	$\begin{cases}\pi, & \|\omega\|\leqslant a\\ 0, & \|\omega\|>a\end{cases}$
43	$\dfrac{1}{t^2}\sin^2 at$	$\begin{cases}\pi\left(a-\dfrac{\|\omega\|}{2}\right), & \|\omega\|\leqslant 2a\\ 0, & \|\omega\|>2a\end{cases}$
44	$\dfrac{\sin at}{\sqrt{\|t\|}}$	$\mathrm{i}\sqrt{\dfrac{\pi}{2}}\left(\dfrac{1}{\sqrt{\|\omega+a\|}}-\dfrac{1}{\sqrt{\|\omega-a\|}}\right)$
45	$\dfrac{\cos at}{\sqrt{\|t\|}}$	$\sqrt{\dfrac{\pi}{2}}\left(\dfrac{1}{\sqrt{\|\omega+a\|}}+\dfrac{1}{\sqrt{\|\omega-a\|}}\right)$
46	$\dfrac{1}{\sqrt{\|t\|}}$	$\sqrt{\dfrac{2\pi}{\|\omega\|}}$

① 单位函数的傅里叶变换也写成$\dfrac{1}{\mathrm{i}\omega}+\pi\delta(\omega)$. 由单位函数的积分表达式可知

$$u(t)=\frac{1}{2}+\frac{1}{2\pi}\int_{-\infty}^{+\infty}\frac{\sin\omega t}{\omega}\mathrm{d}\omega=\frac{1}{2}+\frac{1}{2\pi}\int_{-\infty}^{+\infty}\frac{\mathrm{e}^{\mathrm{i}\omega t}}{\mathrm{i}\omega}\mathrm{d}t=\frac{1}{2\pi}\int_{-\infty}^{+\infty}\left(\frac{1}{\mathrm{i}\omega}+\pi\delta(\omega)\right)\mathrm{e}^{\mathrm{i}\omega t}\mathrm{d}\omega,$$

所以
$$F(\omega)=\frac{1}{\mathrm{i}\omega}+\pi\delta(\omega).$$

读者可根据实际需要选用. 表中公式 13～20 均有类似情况.

附录 B　拉普拉斯变换简表

	$f(t)$	$F(s)$
1	1	$\frac{1}{s}$
2	e^{at}	$\frac{1}{s-a}$
3	t^m $(m>-1)$	$\frac{\Gamma(m+1)}{s^{m+1}}$
4	$t^m e^{at}$ $(m>-1)$	$\frac{\Gamma(m+1)}{(s-a)^{m+1}}$
5	$\sin at$	$\frac{a}{s^2+a^2}$
6	$\cos at$	$\frac{s}{s^2+a^2}$
7	$\mathrm{sh}\,at$	$\frac{a}{s^2-a^2}$
8	$\mathrm{ch}\,at$	$\frac{s}{s^2-a^2}$
9	$t^m \sin at$ $(m>-1)$	$\frac{\Gamma(m+1)}{2i(s^2+a^2)^{m+1}} \cdot [(s+ia)^{m+1}-(s-ia)^{m+1}]$
10	$t^m \cos at$ $(m>-1)$	$\frac{\Gamma(m+1)}{2(s^2+a^2)^{m+1}} \cdot [(s+ia)^{m+1}+(s-ia)^{m+1}]$
11	$e^{-bt}\sin at$	$\frac{a}{(s+b)^2+a^2}$
12	$e^{-bt}\cos at$	$\frac{s+b}{(s+b)^2+a^2}$
13	$e^{-bt}\sin(at+c)$	$\frac{(s+b)\sin c+a\cos c}{(s+b)^2+a^2}$
14	$\sin^2 t$	$\frac{1}{2}\left(\frac{1}{s}-\frac{s}{s^2+4}\right)$
15	$\cos^2 t$	$\frac{1}{2}\left(\frac{1}{s}+\frac{s}{s^2+4}\right)$
16	$\sin at \sin bt$	$\frac{2abs}{[s^2+(a+b)^2][s^2+(a-b)^2]}$

续表

	$f(t)$	$F(s)$
17	$e^{at}-e^{bt}$	$\frac{a-b}{(s-a)(s-b)}$
18	$ae^{at}-be^{bt}$	$\frac{(a-b)s}{(s-a)(s-b)}$
19	$\frac{1}{a}\sin at-\frac{1}{b}\sin bt$	$\frac{b^2-a^2}{(s^2+a^2)(s^2+b^2)}$
20	$\cos at-\cos bt$	$\frac{(b^2-a^2)s}{(s^2+a^2)(s^2+b^2)}$
21	$\frac{1}{a^2}(1-\cos at)$	$\frac{1}{s(s^2+a^2)}$
22	$\frac{1}{a^3}(at-\sin at)$	$\frac{1}{s^2(s^2+a^2)}$
23	$\frac{1}{a^4}(\cos at-1)+\frac{1}{2a^2}t^2$	$\frac{1}{s^3(s^2+a^2)}$
24	$\frac{1}{a^4}(\mathrm{ch}at-1)-\frac{1}{2a^2}t^2$	$\frac{1}{s^3(s^2-a^2)}$
25	$\frac{1}{2a^3}(\sin at-at\cos at)$	$\frac{1}{(s^2+a^2)^2}$
26	$\frac{t}{2a}\sin at$	$\frac{s}{(s^2+a^2)^2}$
27	$\frac{1}{2a}(\sin at+at\cos at)$	$\frac{s^2}{(s^2+a^2)^2}$
28	$\frac{1}{a^4}(1-\cos at)-\frac{1}{2a^3}t\sin at$	$\frac{1}{s(s^2+a^2)^2}$
29	$(1-at)e^{-at}$	$\frac{s}{(s+a)^2}$
30	$t\left(1-\frac{a}{2}t\right)e^{-at}$	$\frac{s}{(s+a)^3}$
31	$\frac{1}{a}(1-e^{-at})$	$\frac{1}{s(s+a)}$
32①	$\frac{1}{ab}+\frac{1}{b-a}\left(\frac{e^{-bt}}{b}-\frac{e^{-at}}{a}\right)$	$\frac{1}{s(s+a)(s+b)}$
33①	$\frac{e^{-at}}{(b-a)(c-a)}+\frac{e^{-bt}}{(a-b)(c-b)}+\frac{e^{-ct}}{(a-c)(b-c)}$	$\frac{1}{(s+a)(s+b)(s+c)}$
34①	$\frac{ae^{-at}}{(c-a)(a-b)}+\frac{be^{-bt}}{(a-b)(b-c)}+\frac{ce^{-ct}}{(b-c)(c-a)}$	$\frac{s}{(s+a)(s+b)(s+c)}$
35①	$\frac{a^2e^{-at}}{(c-a)(b-a)}+\frac{b^2e^{-bt}}{(a-b)(c-b)}+\frac{c^2e^{-ct}}{(b-c)(a-c)}$	$\frac{s^2}{(s+a)(s+b)(s+c)}$

续表

	$f(t)$	$F(s)$
36[①]	$\dfrac{e^{-at}-e^{-bt}[1-(a-b)t]}{(a-b)^2}$	$\dfrac{1}{(s+a)(s+b)^2}$
37[①]	$\dfrac{[a-b(a-b)t]e^{-bt}-ae^{-at}}{(a-b)^2}$	$\dfrac{s}{(s+a)(s+b)^2}$
38	$e^{-at}-e^{\frac{at}{2}}\left(\cos\dfrac{\sqrt{3}at}{2}-\sqrt{3}\sin\dfrac{\sqrt{3}at}{2}\right)$	$\dfrac{3a^2}{s^3+a^3}$
39	$\sin at\operatorname{ch} at-\cos at\operatorname{sh} at$	$\dfrac{4a^3}{s^4+4a^4}$
40	$\dfrac{1}{2a^2}\sin at\operatorname{sh} at$	$\dfrac{s}{s^4+4a^4}$
41	$\dfrac{1}{2a^3}(\operatorname{sh} at-\sin at)$	$\dfrac{1}{s^4-a^4}$
42	$\dfrac{1}{2a^2}(\operatorname{ch} at-\cos at)$	$\dfrac{s}{s^4-a^4}$
43	$\dfrac{1}{\sqrt{\pi t}}$	$\dfrac{1}{\sqrt{s}}$
44	$2\sqrt{\dfrac{t}{\pi}}$	$\dfrac{1}{s\sqrt{s}}$
45	$\dfrac{1}{\sqrt{\pi t}}e^{at}(1+2at)$	$\dfrac{s}{(s-a)\sqrt{s-a}}$
46	$\dfrac{1}{2\sqrt{\pi t^3}}(e^{bt}-e^{at})$	$\sqrt{s-a}-\sqrt{s-b}$
47	$\delta(t)$	1
48[②]	$J_0(at)$	$\dfrac{1}{\sqrt{s^2+a^2}}$
49[②]	$I_0(at)$	$\dfrac{1}{\sqrt{s^2-a^2}}$
50	$J_0(2\sqrt{at})$	$\dfrac{1}{s}e^{-\frac{a}{s}}$
51	$\dfrac{1}{\sqrt{\pi t}}\cos 2\sqrt{at}$	$\dfrac{1}{\sqrt{s}}e^{-\frac{a}{s}}$
52	$\dfrac{1}{\sqrt{\pi t}}\operatorname{ch} 2\sqrt{at}$	$\dfrac{1}{\sqrt{s}}e^{\frac{a}{s}}$
53	$\dfrac{1}{\sqrt{\pi t}}\sin 2\sqrt{at}$	$\dfrac{1}{s\sqrt{s}}e^{-\frac{a}{s}}$
54	$\dfrac{1}{\sqrt{\pi t}}\operatorname{sh} 2\sqrt{at}$	$\dfrac{1}{s\sqrt{s}}e^{\frac{a}{s}}$

续表

	$f(t)$	$F(s)$
55	$\frac{1}{t}(e^{bt}-e^{at})$	$\ln\frac{s-a}{s-b}$
56	$\frac{2}{t}\mathrm{sh}at$	$\ln\frac{s+a}{s-a}=2\mathrm{arth}\frac{a}{s}$
57	$\frac{2}{t}(1-\cos at)$	$\ln\frac{s^2+a^2}{s^2}$
58	$\frac{2}{t}(1-\mathrm{ch}at)$	$\ln\frac{s^2-a^2}{s^2}$
59	$\frac{1}{t}\sin at$	$\arctan\frac{a}{s}$
60	$\frac{1}{t}(\mathrm{ch}at-\cos bt)$	$\ln\sqrt{\frac{s^2+b^2}{s^2-a^2}}$
61③	$\frac{1}{\pi t}\sin(2a\sqrt{t})$	$\mathrm{erf}\left(\frac{a}{\sqrt{s}}\right)$
62③	$\frac{1}{\sqrt{\pi t}}e^{-2a\sqrt{t}}$	$\frac{1}{\sqrt{s}}e^{\frac{a^2}{s}}\mathrm{erfc}\left(\frac{a}{\sqrt{s}}\right)$
63	$\mathrm{erfc}\left(\frac{a}{2\sqrt{t}}\right)$	$\frac{1}{s}e^{-a\sqrt{s}}$
64	$\mathrm{erf}\left(\frac{t}{2a}\right)$	$\frac{1}{s}e^{a^2s^2}\mathrm{erfc}(as)$

① 式中 a,b,c 为不相等的常数.

② $I_n(x)=\mathrm{i}^{-n}J_n(\mathrm{i}x)$，$J_n$ 称为第一类 n 阶贝塞尔函数. I_n 称为第一类 n 阶变形的贝塞尔函数，或称为虚宗量的贝塞尔函数.

③ $\mathrm{erf}x=\frac{2}{\sqrt{\pi}}\int_0^x e^{-t^2}\mathrm{d}t$，称为误差函数.

$\mathrm{erfc}x=1-\mathrm{erf}x=\frac{2}{\sqrt{\pi}}\int_x^{+\infty}e^{-t^2}\mathrm{d}t$，称为余误差函数.

习题参考答案

第 6 章

练习 6.1

1. (1) $\frac{1}{2}+\frac{1\cdot 3}{2\cdot 4}+\frac{1\cdot 3\cdot 5}{2\cdot 4\cdot 6}+\frac{1\cdot 3\cdot 5\cdot 7}{2\cdot 4\cdot 6\cdot 8}+\frac{1\cdot 3\cdot 5\cdot 7\cdot 9}{2\cdot 4\cdot 6\cdot 8\cdot 10}+\cdots$；

(2) $\frac{1}{3}-\frac{1}{3^2}+\frac{1}{3^3}+\frac{1}{3^4}+\frac{1}{3^5}-\cdots$； (3) $\frac{1+1}{1+1^2}+\frac{1+2}{1+2^2}+\frac{1+3}{1+3^2}+\frac{1+4}{1+4^2}+\cdots$；

(4) $\frac{1}{1\cdot 2}+\frac{1}{3\cdot 2^2}+\frac{1}{5\cdot 2^3}+\frac{1}{7\cdot 2^4}+\frac{1}{9\cdot 2^5}+\cdots$.

2. (1) $u_n=\frac{1}{2n-1}$； (2) $u_n=\frac{1}{(n+1)\ln(n+1)}$； (3) $u_n=\frac{1\cdot 3\cdot\cdots\cdot(2n-1)}{1\cdot 4\cdot\cdots\cdot(3n-2)}$； (4) $u_n=\frac{n}{2^n}$.

3. (1) 发散； (2) 收敛，$s=1$； (3) 收敛，$s=2$； (4) 收敛，$s=\frac{1}{2}$；

(5) 发散； (6) 收敛，$s=\frac{3}{2}$.

4. (1) 发散； (2) 发散； (3) 收敛； (4) 发散； (5) $a>1$ 时收敛，$a\leqslant 1$ 时发散.

5. (1) 发散； (2) 发散； (3) 发散； (4) 收敛； (5) 收敛； (6) 收敛.

6. (1) 收敛； (2) 收敛； (3) 发散； (4) 收敛.

练习 6.2

1. (1) $R=1$，$(-1,1)$； (2) $R=+\infty$，$(-\infty,+\infty)$； (3) $R=1$，$[-1,1]$；

(4) $R=\frac{1}{2}$，$[-1/2,1/2]$； (5) $R=1$，$(-2,8]$； (6) $R=\sqrt{2}$，$(-\sqrt{2},\sqrt{2})$.

2. (1) $\frac{2x-x^2}{(1-x)^2}$； (2) $\frac{1}{4}\ln\frac{1+x}{1-x}+\frac{1}{2}\arctan x-x$； (3) $\frac{1}{(1-x)^2}$；

(4) $\frac{3-x}{(1-x)^2}$； (5) $\ln\frac{1}{1-x}$，$\ln\frac{3}{2}$.

练习 6.3

1. (1) $2^x=\sum_{n=0}^{\infty}\frac{(\ln 2)^n}{n!}x^n$，$(-\infty,+\infty)$； (2) $x^2e^{x^2}=\sum_{n=0}^{\infty}\frac{x^{2n+2}}{n!}$，$(-\infty,+\infty)$；

(3) $\sin\frac{x}{2}=\sum_{n=1}^{\infty}\frac{(-1)^{n-1}}{(2n-1)!2^{2n-1}}x^{2n-1}$，$(-\infty,+\infty)$；

(4) $\sin^2 x=\sum_{n=1}^{\infty}(-1)^{n-1}\frac{(2x)^{2n}}{2(2n)!}$，$(-\infty,+\infty)$；

(5) $(1+x)\ln(1+x)=x+\sum_{n=2}^{\infty}\frac{(-1)^n}{n(n-1)}x^n$，$(-1,1]$；

(6) $\ln(2+x)=\ln 2+\sum_{n=1}^{\infty}(-1)^{n-1}\frac{1}{n2^n}x^n$，$(-2,2)$.

2. $\frac{1}{x}=\sum_{n=0}^{\infty}(-1)^n(x-1)^n$，$(0,2)$.

3. $\ln(1+x)=\ln 3+\sum_{n=1}^{\infty}(-1)^{n-1}\frac{(x-2)^n}{n3^n}x^n$，$(-1,5]$.

4. $\frac{1}{x^2+4x+3}=\sum_{n=0}^{\infty}(-1)^n\left(\frac{1}{2^{n+2}}-\frac{1}{2^{2n+3}}\right)(x-1)^n$，$(-1,3]$.

练习 6.4

1. (1) $f(x)=-\frac{\pi}{4}+\frac{2}{\pi}\sum_{n=1}^{\infty}\frac{\cos(2n-1)x}{(2n-1)^2}+\sum_{n=1}^{\infty}\frac{(-1)^{n+1}\sin nx}{n}\quad(-\infty<x<+\infty, x\neq\pm\pi,\pm3\pi)$;

(2) $f(x)=\frac{2\pi^2}{3}+8\sum_{n=1}^{\infty}\frac{(-1)^n}{n^2}\cos nx$, $(-\infty,+\infty)$;

(3) $f(x)=\frac{\pi}{2}+\frac{4}{\pi}\sum_{n=1}^{\infty}\frac{1}{(2n-1)^2}\cos(2n-1)x$, $(-\infty,+\infty)$;

(4) $f(x)=\frac{1}{2\pi}[\mathrm{e}^{\pi}-\mathrm{e}^{-\pi}+2\pi]+\frac{\mathrm{e}^{\pi}-\mathrm{e}^{-\pi}}{\pi}\sum_{n=1}^{\infty}\frac{(-1)^n}{1+n^2}(\cos nx-n\sin nx)$

$(x\neq(2k+1)\pi, k=0,\pm1,\pm2,\cdots)$;

(5) $f(x)=\sum_{n=1}^{\infty}\frac{18\sqrt{3}}{\pi}(-1)^{n-1}\frac{n}{9n^2-1}\sin nx\quad(x\neq(2k+1)\pi,\ k=0,\pm1,\pm2,\cdots)$;

(6) $f(x)=\frac{4}{\pi}\left(\frac{1}{2}-\frac{1}{3}\cos2x-\frac{1}{15}\cos4x-\frac{1}{35}\cos6x-\cdots\right)$, $(-\infty,+\infty)$.

2. (1) $f(x)=\frac{1+\pi-\mathrm{e}^{-\pi}}{2\pi}+\frac{1}{\pi}\sum_{n=1}^{\infty}\left\{\frac{1-(-1)^n\mathrm{e}^{-\pi}}{1+n^2}\cos nx\right.$

$\left.+\left(\frac{-n+(-1)^n n\mathrm{e}^{-\pi}}{1+n^2}+\frac{1}{n}(1-(-1)^n)\right)\sin nx\right\}$, $(-\pi,\pi)$;

(2) $f(x)=\frac{2}{\pi}+\frac{4}{\pi}\sum_{n=1}^{\infty}\frac{(-1)^{n-1}}{4n^2-1}\cos nx$, $(-\pi,\pi)$.

练习 6.5

1. (1) $f(x)=-\frac{1}{2}+\sum_{n=1}^{\infty}\left\{\frac{6}{n^2\pi^2}[1-(-1)^n]\cos\frac{n\pi x}{3}+\frac{6}{n\pi}(-1)^{n+1}\sin\frac{n\pi x}{3}\right\}$

$(x\neq3(2k+1), k=0,\pm1,\pm2,\cdots)$;

(2) $f(x)=\frac{4l}{\pi^2}\left(\sin\frac{\pi x}{l}-\frac{1}{3^2}\sin\frac{3\pi x}{l}+\frac{1}{5^2}\sin\frac{5\pi x}{l}-\cdots\right)$, $(-\infty,+\infty)$.

2. (1) $f(x)=\frac{8}{\pi}\sum_{n=1}^{\infty}\left\{\frac{(-1)^{n+1}}{n}+\frac{2}{n^2\pi^2}[(-1)^n-1]\right\}\sin\frac{n\pi x}{2}$, $[0,2)$,

$f(x)=\frac{4}{3}+\frac{16}{\pi^2}\sum_{n=1}^{\infty}\frac{(-1)^n}{n^2}\cos\frac{n\pi x}{2}$, $[0,2]$;

(2) $f(x)=\frac{8}{\pi^2}\sum_{n=1}^{\infty}\frac{1}{n^2}\sin\frac{n\pi}{2}\sin\frac{n\pi}{2}x$, $[0,2]$,

$f(x)=\frac{1}{2}+\frac{4}{\pi^2}\sum_{n=1}^{\infty}\left\{\frac{2}{n^2}\cos\frac{n\pi}{2}-\frac{1}{n^2}[1+(-1)^n]\right\}\cos\frac{n\pi x}{2}$, $[0,2]$.

综合练习 6

一、**1.** $R=+\infty$ $(-\infty,+\infty)$.　**2.** 收敛的，$s=\frac{a}{1-q}$，发散的.　**3.** 发散的，收敛的.

4. $u_n=\frac{1}{(3n-2)(3n+1)}$，$s_n=\frac{1}{3}\left(1-\frac{1}{3n+1}\right)$，$s=\frac{1}{3}$.　**5.** $\sqrt{R}$.

6. $\sum_{n=0}^{\infty}(-1)^n\frac{x^{2n+2}}{(2n+1)!}$，$(-\infty,+\infty)$.

7. $\ln2+\sum_{n=0}^{\infty}(-1)^n\frac{1}{n+1}\left(\frac{x}{2}\right)^{n+1}\quad(-2<x\leqslant2)$，$\sum_{n=0}^{\infty}(-1)^n\frac{(x+1)^{n+1}}{n+1}\quad(-2<x\leqslant2)$.

8. $b_n=\frac{2}{\pi}\int_0^{\pi}f(x)\sin nx\,\mathrm{d}x$.

9. $a_0=\dfrac{1}{l}\int_{-l}^{l}f(x)\mathrm{d}x, a_n=\dfrac{1}{l}\int_{-l}^{l}f(x)\cos\dfrac{n\pi x}{l}\mathrm{d}x \quad (n=1,2,\cdots)$,

$b_n=\dfrac{1}{l}\int_{-l}^{l}f(x)\sin\dfrac{n\pi x}{l}\mathrm{d}x \quad (n=1,2,\cdots)$.

二、**1.** (D). **2.** (B). **3.** (A). **4.** (C). **5.** (C). **6.** (D). **7.** (C). **8.** (C). **9.** (A). **10.** (C).

三、**1.** (1) 发散,令 $u_n=\left(\dfrac{4}{5}\right)^n, v_n=\dfrac{n+1}{n^2+8}$,分别考察级数 $\sum\limits_{n=1}^{\infty}u_n$ 与 $\sum\limits_{n=1}^{\infty}v_n$ 的敛散性;

(2) 收敛,用比值判别法; (3) 发散; (4) 收敛; (5) 收敛.

2. (1) 条件收敛; (2) 绝对收敛; (3) 发散;

(4) 当 $\rho\leqslant 0$ 时发散,当 $0<\rho<1$ 时条件收敛,当 $\rho>1$ 时绝对收敛.

3. (1) $R=1, x\in[0,1)$,由 $\lim\limits_{n\to\infty}\left|\dfrac{u_{n+1}}{u_n}\right|=\sqrt{x}<1\Rightarrow 0\leqslant x<1$,所以 $R=1$,收敛区间为$[0,1)$;

(2) $R=0$,只在点 $x=0$ 处收敛; (3) $R=1,(-1,1)$; (4) $R=1,[4,6)$;

(5) $R=\dfrac{1}{3},\left(\dfrac{2}{3},\dfrac{4}{3}\right)$; (6) $R=1,(-4,2)$.

4. $f(x)=\dfrac{1}{1-x}+\dfrac{1}{1+x}=\sum\limits_{n=0}^{\infty}[(-1)^n+1]x^n, \ |x|<1$.

5. $f(x)=\cos x=\dfrac{1}{2}\sum\limits_{n=0}^{\infty}(-1)^n\left[\dfrac{\left(x+\frac{\pi}{3}\right)^{2n}}{(2n)!}+\sqrt{3}\dfrac{\left(x+\frac{\pi}{3}\right)^{2n+1}}{(2n+1)!}\right], \ (-\infty,+\infty)$.

6. $f(x)=\dfrac{1}{x}=\dfrac{1}{3}\sum\limits_{n=0}^{\infty}(-1)^n\dfrac{(x-3)^n}{3^n}, \ (0,6)$.

7. $f(x)\dfrac{1}{2-x}+\dfrac{1}{1+x}=\dfrac{1}{2\left(1-\frac{x}{2}\right)}+\dfrac{1}{1-x}=\dfrac{1}{2}\sum\limits_{n=0}^{\infty}\left(\dfrac{x}{2}\right)^n+\sum\limits_{n=0}^{\infty}(-1)^n x^n$

$$=\sum_{n=0}^{\infty}\left(\left(\frac{1}{2}\right)^{n+1}+(-1)^n\right)x^n, \ (-1,1).$$

8. $f(x)=\dfrac{\pi^2}{6}+\sum\limits_{n=1}^{\infty}\left\{\dfrac{2(-1)^n}{n^2}-\cos nx+\left[\dfrac{\pi(-1)^n}{n}+\dfrac{2}{n^2\pi}((-1)^n-1)\right]\sin nx\right\}$

$(-\infty<x<+\infty; x\neq(2k-1)\pi; k=0,\pm1,\pm2,\cdots)$.

第 7 章

练习 7.1

1. (1) $e^y=e^x+C$; (2) $y^2=x^2\ln(Cx^2)$; (3) $\sin\dfrac{y}{x}=Cx^2$;

(4) $\arctan\dfrac{y}{x}=\ln\sqrt{x^2+y^2}+C$.

2. (1) $y=Ce^{-2x}+(x-1)e^{-x}$; (2) $y=C\cos x-2\cos^2 x$;

(3) $y=\dfrac{1}{x}\sin x$; (4) $y=\dfrac{1}{x^2}\left(-\dfrac{1}{2}e^{-x^2}+C\right)$.

3. (1) $\ln y=\sqrt{x}-2$; (2) $y=\dfrac{1}{\cos x-2}$; (3) $y^5-5x^2y^3=1$.

4. $V=\dfrac{mg}{K}(1-e^{-\frac{K}{m}t})$. **5.** $Q=2100\exp[-5.0176\exp(-0.1823t)]$.

练习 7.2

1. (1) $y=(C_1+C_2x)e^x$; (2) $y=(C_1+C_2x)e^{4x}$; (3) $y=C_1e^{-2x}+C_2e^{-3x}$;

(4) $y=C_1e^{-2x}+C_2e^x$.

2. (1) $y=C_1\sin 3x+C_2\cos 3x$； (2) $y=e^x(C_1\cos 2x+C_2\sin 2x)$.

3. $y=2e^x-e^{-x}$. **4.** $s=(4+2t)e^{-t}$. **5.** $s=\frac{1}{2}(e^{\sqrt{\frac{g}{6}}t}+e^{-\sqrt{\frac{g}{6}}t})$.

练习 7.3

1. (1) $y^*=\frac{1}{2}x^2-x$； (2) $y^*=x+3$.

2. (1) $y=C_1e^{-x}+C_2e^{\frac{x}{2}}-1$； (2) $y=C_1e^x+C_2e^{-x}-4x^2-8$；

(3) $y=C_1e^{-x}+C_2e^{-4x}-\frac{1}{2}x+\frac{11}{8}$； (4) $y=C_1+C_2e^{2x}-\frac{5}{4}x^2-\frac{9}{4}x$.

3. $y=e^x+\frac{1}{2}e^{-2x}-x-\frac{1}{2}$.

综合练习 7

一、**1.** 二. **2.** $y=e^{\tan\frac{x}{2}}$. **3.** $y=C_1\sin x+C_2\cos x$. **4.** $y''-2y'+y=0$.

5. $y'=\frac{y}{x}-1$, $y(1)=2$, $y=(-\ln x+C)x$.

二、**1.** (C). **2.** (D). **3.** (C). **4.** (D). **5.** (B). **6.** (C). **7.** (D). **8.** (A).

三、**1.** (1) $1+y^2=C(1-x^2)$； (2) $y=C\sqrt{1+x^2}$；

(3) $y=C_1e^x+C_2xe^x+\frac{1}{2}e^xx^2$； (4) $y=C_1e^{2x}+C_2e^{3x}$.

2. $M(t)=m_0e^{-\frac{\ln 2}{14.3}}$.

3. 问题1：阻力系统 $K=4.5\times 10^6$ kg/h. 问题2：安全着陆距离为 1400 m.

第 8 章

练习 8.1

1. (1) $F(s)=\frac{1}{s+2}$； (2) $F(s)=\frac{4s}{4s^2+1}$； (3) $F(s)=\frac{s}{s^2-25}$；

(4) $F(s)=\frac{4!}{s^5}$； (5) $F(s)=\frac{1}{s-3}$； (6) $F(s)=\frac{2}{s^2+4}$.

2. 略.

练习 8.2

1. (1) $F(s)=\frac{3}{s+4}$； (2) $F(s)=\frac{2+5s-3s^2}{s^2}$； (3) $\frac{s-2\sqrt{3}}{2(s^2+4)}$； (4) $F(s)=\frac{2}{s^2+16}$；

(5) $F(s)=\frac{2}{s(s^2-4)}$； (6) $F(s)=\frac{4}{s^2-6s+25}$； (7) $\frac{s^2-s+1}{s(s-1)^2}$； (8) $F(s)=\frac{2\omega s}{(s^2+\omega^2)^2}$；

(9) $F(s)=\frac{4(s+3)}{[(s+3)^2+4]^2}$； (10) $F(s)=\ln\frac{s-a}{s-b}$； (11) $F(s)=\ln\frac{s+a}{s-a}$；

(12) $F(s)=\frac{E}{s}(1-e^{-t_0s})$.

2. $F(s)=\frac{1}{s}(3-4e^{-2s}+e^{-4s})$.

练习 8.3

1. (1) $f(t)=\frac{1}{a}\sin at$； (2) $f(t)=e^{at}+e^{bt}$； (3) $f(t)=\delta(t)-2e^{-2t}$；

(4) $f(t)=\cos 2t+\frac{1}{2}\sin 2t$； (5) $f(t)=t-\sin t$； (6) $f(t)=5+6t$.

2. (1) $f(t)=\frac{5}{2}e^{-5t}-\frac{3}{2}e^{-3t}$； (2) $F(t)=\frac{1}{2}-e^{-t}+\frac{1}{2}e^{-2t}$；

(3) $f(t)=1+2te^{t}$； (4) $f(t)=\frac{1}{4}-\frac{1}{4}e^{-2t}-\frac{1}{2}te^{-2t}$；

(5) $f(t)=e^{-2t}\sin 2t$； (6) $f(t)=\frac{9}{10\sqrt{5}}\sin 2\sqrt{5}t-\frac{4}{5\sqrt{10}}\sin\sqrt{10}t$.

练习 8.4

1. (1) $\frac{1}{6}t^{3}$； (2) $e^{t}-t-1$； (3) $\frac{1}{2}t\sin t$； (4) $\frac{1}{2a}(at\operatorname{ch}at-\operatorname{sh}at)$；

(5) $1-\cos t$； (6) $\operatorname{sh}t-t$.

2. (1) $f(t)=\frac{1}{3}\cos t-\frac{1}{3}\cos 2t$； (2) $f(t)=te^{-2t}\sin t$.　　**3.** 略.

练习 8.5

1. (1) $y(t)=\frac{1}{4}[(7+2t)e^{-t}-3e^{-3t}]$； (2) $i(t)=5(e^{-3t}-e^{-5t})$； (3) $x(t)=\sin\omega t$；

(4) $y(t)=2-3e^{t}+2e^{2t}$； (5) $x(t)=y(t)=e^{t}$； (6) $\begin{cases}x(t)=e^{-t}\sin t,\\ y(t)=e^{-t}\cos t.\end{cases}$

2. $i(t)=\frac{E}{R}(1-e^{-\frac{R}{L}t})$.

综合练习 8

1. (1) $F(s)=\frac{8-2e^{-2s}}{5}$； (2) $F(s)=\frac{1}{2}\left[\frac{s-4}{(s-4)^{2}+49}+\frac{s-1}{(s-4)^{2}+1}\right]$；

(3) $F(s)=\frac{s}{s+\beta}$； (4) $F(s)=\frac{a^{n}\cdot n!}{s^{n+1}}e^{-\frac{b}{a}s}$.

2. (1) $f(t)=2u(t-1)-u(t)(t-2)$； (2) $f(t)=2te^{2t}-e^{-t}-\frac{1}{2}t^{2}e^{2t}+e^{2t}$；

(3) $f(t)=e^{-t}(3\cos 3t+2\sin 2t)$； (4) $f(t)=\frac{1}{6}(10e^{-t}-9e^{-2t}-e^{-4t})$.

3. (1) $y(t)=e^{-t}(1-\cos t)$； (2) $y(t)=4t^{2}-2t-e^{-2t}+e^{t}\cos\sqrt{3}t-\sqrt{3}e^{t}\sin\sqrt{3}t$.

4. $\begin{cases}y(t)=1-e^{t}+te^{t},\\ x(t)=-t+te^{t}.\end{cases}$　　**5.** $u_R(t)=e^{-\frac{t}{RC}}-u(t-z)\cdot e^{-\frac{t-2}{RC}}$.

6. $G(s)=\frac{10^{-5}s}{1+10^{-5}s}\approx 10^{-5}s$.

第 9 章

练习 9.1

1. (1) $a=-3$ 时是实数，$a=2$ 时是纯虚数；

(2) $m=-\frac{1}{3}$ 或 $m=\frac{1}{2}$ 时是实数，$m=-3$ 时是纯虚数，$m\neq-\frac{1}{3}$ 且 $m\neq\frac{1}{2}$ 时是虚数.

2. (1) -12； (2) $2i$； (3) 1； (4) $\frac{1}{2}$.　　**3.** $x=6, y=-4$.

4. 辐角的主值为 $\pi+\arctan 2$.　　**5.** (1) $2(1+\sqrt{3}i)$； (2) $2(-1+i)$； (3) $1-i$； (4) $\sqrt{3}i$.

6. (1) $2\left(\cos\frac{2}{3}\pi+i\sin\frac{2}{3}\pi\right)$； (2) $2\left(\cos\frac{\pi}{2}+i\sin\frac{\pi}{2}\right)$； (3) $\sqrt{2}\left(\cos\frac{\pi}{4}+i\sin\frac{\pi}{4}\right)$.

7. (1) $\sqrt{3}e^{\frac{5\pi}{6}i}$； (2) $e^{-\frac{\pi}{6}i}$； (3) $2e^{\frac{5\pi}{3}i}$.

练习 9.2

1. $z=-4+3i$.　　**2.** $f(2-3i)=\frac{147}{229}+\frac{72}{229}i$；　$f(1-i)=\frac{3}{13}-\frac{2}{13}i$.

3. (1) $u^{2}+v^{2}=\frac{1}{2}$； (2) $u+v=0$.　　**4.** (1) i； (2) 6； (3) $-\frac{3}{5}-\frac{1}{5}i$.

练习 9.3

(1) $F(\omega)=-\frac{2}{\mathrm{i}\omega}\cos\omega+\frac{2}{\mathrm{i}\omega}$; (2) $F(\omega)=\frac{2A}{\omega}\sin\frac{\omega z}{2}\mathrm{e}^{-\mathrm{i}\frac{\omega z}{2}}$; (3) $F(\omega)=\frac{2\sin\omega}{\omega}$.

练习 9.4

1. (1) $F(\omega)=\frac{\mathrm{i}\omega}{\omega_0^2-\omega^2}+\frac{\pi}{2}[\delta(\omega+\omega_0)+\delta(\omega-\omega_0)]$; (2) $F(\omega)=-\frac{2}{\mathrm{i}(\omega-\omega_0)}+\pi\delta(\omega-\omega_0)$;

(3) $F(\omega)=\left(\frac{1}{\mathrm{i}(\omega-\omega_0)}+\pi\delta(\omega-\omega_0)\right)\mathrm{e}^{-\mathrm{i}(\omega-\omega_0)t_0}$; (4) $F(\omega)=\mathrm{i}\pi[\delta(\omega+\omega_0)-\delta(\omega-\omega_0)]$;

(5) $F(\omega)=\cos\omega a+\cos\frac{\omega a}{2}$.

2. 略.

综合练习 9

一、**1.** ×. **2** √. **3** ×. **4** √. **5** √. **6.** √. **7.** ×. **8.** ×. **9.** √. **10.** ×.

二、**1.** 0. **2.** $1,\mathrm{e}^{-\mathrm{i}\frac{2\pi}{3}}$. **3.** $\mathrm{e}^x\cos y-\mathrm{i}\mathrm{e}^x\sin y$. **4.** $2\cos\omega a$.

5. $\pi\delta\omega-\frac{\pi}{2}[\delta(\omega+2)+\delta(\omega-2)]$. **6.** $F(\omega)=\mathrm{e}^{-\mathrm{i}\omega a}$, $\mathrm{i}\omega F(\omega)$.

7. $-\left(\frac{2}{\mathrm{i}\omega^3}+\pi\delta''(\omega)\right)$. (8) $\delta(t)$.

三、**1.** (1) $F(\omega)=\frac{\mathrm{i}}{\omega-2}[\mathrm{e}^{-6\mathrm{i}(\omega-2)}-\mathrm{e}^{-\mathrm{i}(\omega-2)}]$; (2) $F(\omega)=\left(\frac{1}{\mathrm{i}(\omega+1)}+\pi\delta(\omega+1)\right)\mathrm{e}^{-2\mathrm{i}(\omega+1)}$;

(3) $F(\omega)=\frac{\pi\omega}{2}[(\sqrt{3}-\mathrm{i})\delta(\omega-5)+(\sqrt{3}+\mathrm{i})\delta(\omega+5)]$;

(4) $F(\omega)=-\frac{1}{(\omega+3)^2}+\mathrm{i}\pi\delta'(\omega+3)$.

2. $F(\omega)=\frac{2\omega\sin\omega\pi}{1-\omega^2}$;证明略.

第 10 章

练习 10.1

1. (1) -5; (2) $b(a-bc)$; (3) 110; (4) $-bcd$.

2. (1) $x_1=7, x_2=9$; (2) $x_1=\frac{8}{5}, x_2=\frac{3}{5}$; (3) $x_1=7, x_2=-11, x_3=-4$;

(4) $x_1=3, x_2=1, x_3=-2$.

3. $x=3$ 或 $x=1$.

练习 10.2

1. $M_{32}=\begin{vmatrix}-1 & 2 & 3\\ 1 & 4 & -6\\ 2 & 3 & 7\end{vmatrix}$, $A_{32}=-\begin{vmatrix}-1 & 2 & 3\\ 1 & 4 & -6\\ 2 & 3 & 7\end{vmatrix}$. **2.** $D=340$.

3. (1) 40; (2) 0; (3) 160; (4) $(a+3b)(a-b)$. **4.** 略.

练习 10.3

1. $a=2, b=4, c=2, d=5$. **2.** (1) $\begin{pmatrix}0 & 6 & -1\\ -2 & 2 & 12\end{pmatrix}$; (2) $\begin{pmatrix}-1 & 9\\ -3 & -2\end{pmatrix}$; (3) $\begin{pmatrix}50 & 24\\ 10 & 48\end{pmatrix}$.

3. (1) 1; (2) $\begin{pmatrix}-6 & 3 & -12\\ 2 & -1 & 4\\ 4 & -2 & 8\end{pmatrix}$; (3) $\begin{pmatrix}2 & 3 & -3\\ 6 & -7 & 7\end{pmatrix}$;

(4) $\begin{pmatrix}-6 & 7 & 13\\ 3 & 3 & -4\end{pmatrix}$; (5) $\begin{pmatrix}-4 & 6 & -5\\ 1 & 0 & 3\\ -2 & 4 & 0\end{pmatrix}$; (6) $\begin{pmatrix}-26 & -66\\ 20 & 44\end{pmatrix}$.

练习 10.4

1. (1) $\boldsymbol{A}^*=\begin{pmatrix}4 & -2\\ -3 & 1\end{pmatrix}$； (2) $\boldsymbol{A}^*=\begin{pmatrix}2 & -1 & 5\\ -8 & -2 & 10\\ 2 & -1 & -7\end{pmatrix}$.

2. (1) $\begin{pmatrix}a & b\\ c & d\end{pmatrix}^{-1}=\dfrac{1}{ad-bc}\begin{pmatrix}d & -b\\ -c & a\end{pmatrix}$； (2) $\begin{pmatrix}1 & 0 & 8\\ 0 & 1 & 0\\ 0 & 0 & 1\end{pmatrix}^{-1}=\begin{pmatrix}1 & 0 & -8\\ 0 & 1 & 0\\ 0 & 0 & 1\end{pmatrix}$；

(3) $\begin{pmatrix}3 & -4 & 5\\ 2 & -3 & 1\\ 3 & -5 & -1\end{pmatrix}^{-1}=\begin{pmatrix}-8 & 29 & -11\\ -5 & 18 & -7\\ 1 & -3 & 1\end{pmatrix}$； (4) $\begin{pmatrix}1 & 2 & 3\\ 3 & 2 & 1\\ 3 & 4 & 3\end{pmatrix}^{-1}=\dfrac{1}{2}\begin{pmatrix}2 & 6 & -4\\ -3 & -6 & 5\\ 2 & 2 & -2\end{pmatrix}$.

3. (1) $x_1=-2,x_2=3,x_3=1$； (2) $x_1=1,x_2=2,x_3=-1$.

练习 10.5

1. (1) $\mathrm{R}(\boldsymbol{A})=2$； (2) $\mathrm{R}(\boldsymbol{A})=3$； (3) $\mathrm{R}(\boldsymbol{A})=2$； (4) $\mathrm{R}(\boldsymbol{A})=3$.

2. (1) $\mathrm{R}(\boldsymbol{A})=3$； (2) $\mathrm{R}(\boldsymbol{A})=3$. **3.** (1) 无解； (2) $x_1=3,x_2=2,x_3=1$.

练习 10.6

1. (1) 只有零解； (2) $x_1=\dfrac{4}{3}c,x_2=-3c,x_3=\dfrac{4}{3}c,x_4=c$.

2. (1) 无解； (2) $x_1=3,x_2=-1,x_3=2$； (3) $\begin{cases}x_1=\dfrac{3}{2}c_1-\dfrac{3}{4}c_2+\dfrac{5}{4},\\ x_2=\dfrac{3}{2}c_1+\dfrac{7}{4}c_2-\dfrac{1}{4}.\end{cases}$

3. 当 $a=-2$ 时，无解；当 $a\neq 1,a\neq -2$ 时，有唯一解；当 $a=1$ 时，有无穷多组解.

综合练习 10

一、**1.** (B). **2.** (B). **3.** (C). **4.** (C). **5.** (C).

二、**1.** $n\times s$. **2.** -12. **3.** $\dfrac{1}{4}\begin{pmatrix}2 & 1 & 1\\ 1 & 2 & 1\\ 1 & 1 & 2\end{pmatrix}$. **4.** $\begin{pmatrix}81 & 81 & 81\\ 81 & 81 & 81\\ 81 & 81 & 81\end{pmatrix}$. **5.** $-\dfrac{1}{3}2^{2n-1}$.

三、解答题

1. (1) 0； (2) 2000； (3) -3； (4) x^2y^2.

3. 三台打印机每分钟打印行数分别为 4125 行，1250 行，3025 行.

4. 配制 A 试剂分别需要甲、乙两种原料各 10 g，配制 B 试剂各需甲、乙两种原料各 10 g，0 g.

5. 总成本函数为 $y=50+6x+0.5x^2$.

6. 轮船航行的静水速度 50 km/h，水流速度是 10 km/h.

7. 公司今年下半年必须完成的生产量可以列表如下：

工厂 \ 产量 \ 产品	Ⅰ	Ⅱ	Ⅲ	Ⅳ
甲	7	12	2	12
乙	14	3	21	5
丙	16	20	24	7

参 考 文 献

[1] 同济大学应用数学系.高等数学[M].6版.北京:高等教育出版社,2007.

[2] 朱永银,冯兴山.高等数学[M].2版.武汉:武汉大学出版社,2004.

[3] 王启学,郭炳艳,袁黎明.高等数学[M].3版.武汉:华中科技大学出版社,2006.

[4] 四川大学数学系高等数学教研室. 高等数学[M]. 北京:高等教育出版社,1987.

[5] 北京农业大学. 高等数学[M]. 北京:北京农业大学出版社,1992.

[6] 邓俊谦. 应用数学基础[M].上海:华东师范大学出版社,2001.

[7] 张燕州,王培麟.高等数学[M].北京:科学出版社,2003.

[8] 秦俭.现代应用数学基础[M].北京:北京航空航天大学出版社,2007.

[9] 张国勇. 高职数学教程[M].北京:高等教育出版社,2007.

[10] 云连英,付艳茹,陶正娟. 微积分应用基础[M].北京:高等教育出版社,2006.

[11] 吴云宗,张继凯. 实用高等数学[M].北京:高等教育出版社,2006.